U0074052

不懂行銷，也能輕鬆成交

一次就學會的系統化引導，讓客戶聽懂你的話

鄭景杰 / 著

― 目錄 ―

― 目錄 ―

分享

分享

回饋

行銷寶典
[投資] [長看] [儲蓄] [醫療] 全攻略

講師　承暘 鄭景杰處經理
日期　104.11.06 09：00~16：30
地點　台糖長榮酒店 3F嘉賓廳
費用　300元(含午餐、講義)

台灣臺富勞
正隆企業、西門子電機工程師7天
89年12月18日進入壽險業
90年06月行銷主任
91年06月業務襄理
93年02月業務經理
100年10月成立承暘通訊處

妳家老公的課也太搶手了！我昨天去講課，今天回來報就沒了~ 😿
上午10:02

幫我詢問看看，他什麼時候還會排課，留2個名額給我喔！
上午10:03

上午10:03

已讀
上午10:07
有沒有這麼誇張啊

有喔！再幫我問妳老公囉~ 👍 上午11:30

已讀
上午11:30

妳身體還好嗎？ 上午11:30

2015.11.02 星期一

謝謝你為我們花蓮這群夥伴的付出，中心的感謝與感恩你，我是金彥的峯維，我將以業績及增員人力來報答，再次感恩的心情謝謝你。
11:03 PM

鄭老師，恭喜你偉大的巨作已完成，好羨慕的同仁有這麼好的資源及超優的師資，知道您將會非常忙，再過幾天小小女兒就要出生了又要開新課您要保重身體，但是還是想要問一下 有沒有可能對外收費開課 因為真的好想聽您的課喔！更何況這是您行銷的一生精華，雖然很不好意思 但是還是抱著一點小小的希望，謝謝您！

劉彤宸 ▶ 鄭景杰
1 小時前 · 🎎

景杰處經理 哈 c來了c來了‼️
謝謝你無私的開課
讓我有機會報名 才有機會在fb po動態
居然真有朋友好奇我在幹嘛吶~
一下課 就帶滿滿的收穫去找他
但巧不巧 他在忙
我就和他公司的另一個人聊天
聊著聊著 順說了你教的一句....
<對了 你最近有沒有存錢的計劃啊?>
哈...奇積發生了
在一週後
幫他完成一桶百萬金的規劃
我好開心喔! 真的很謝謝你~(撒花中...)

2015.11.03 星期二

景杰經理您好，我是台中永達的慈倩，10月27日有幸在台中聽到您的分享，學習到很多系統的東西，對我的幫助非常大，之後重聽錄音又被轟炸了幾天，可以說是痛並快樂著，但這幾天在跟客戶談的時後過程變得比較流暢(還要再加油)，客戶也比較能接受，由衷感謝您!祝福您闔家平安，健康快樂!永達慈倩上

尊敬的景杰經理感謝您無私的分享及付出一天的時間給我們很棒的資訊很感恩您哦! 記得好好喝杯顧喉嚨的熱茶多休息，真的辛苦您了! 謝謝您

回饋

嗯!好的,錄音檔開車時都有重覆聽,配合簡報重覆練習,在聽完處經理的分享後才知道自己還有很大的進步空間,真的由衷的感謝景杰處經理課程分享🐰感恩。

10:03 PM

經理有個人銷售方式,但有效率的傳承是另一門功夫

機會蠻小的

我們晨會一結束,不到一個小時,上千已經報名二十人

2015年10月22日 16:25

我實在是很對不起你,昨天北二區部發文公告11/3舉辦【五力行銷營】,結果應許所有區經理+襄理+主任,共分五組,共25人,一個都沒報到。哭哭到地極

 Sheep Yang ▶ 鄭景杰
15 小時前 · 🔒

經理 要跟您說聲謝謝! 因為您無私分享的行銷夾,尤其是在健診道塊,讓我們在道方面得到客戶的大力認同,也順利成交,向您報告已多完成1C.再次感謝您
— 😊 覺得開心。

經理早安~
感恩您的無私傳授【行銷五本通】讓我頓然清醒,腦力激盪後讓我能有這樣的成績,真的非常感恩!
😁😁😁有您真好😁
😁😁

新的一年祝福您~
👐健康💀幸福😁快樂🎉業績長紅

經理,今天已經有夥伴捷報:週一報件5C,要我跟您說聲謝謝。
^ ^
-

5:10 PM

好棒,真開心聽到這個消息,讓人心情好好 😀😀😀

已讀
5:13 PM

也有夥伴說本來不接受長看的,今天請業務同仁打建議書

施聰輝 真的吸收超多,剛用經理的教材收件了!
收回讚 · 回覆 · 👍1 · 8分鐘

鄭景杰 真的嗎? 太棒了,恭喜喔。學到、馬上用到~
讚 · 回覆 · 1 分鐘

景杰經理請問你新的行銷教法,會開外部場嗎~~因我不是中壽的沒辦法去上....可是很想學習...= =

金昱孫副總的單位一個也沒有,今天我有跟雷"R反應,我們奢望又期待能再喬出一個時間。
但是,我又捨不得你忙又累,實在是對不住你......。

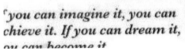

'you can imagine it, you can chieve it. If you can dream it, ou can become it.

10月7號在台中區部能有幸參加景杰處經理無私細心精闢流暢的課程分享,課程中有好多細節內容的教導,帶給我們一整天的震撼教育,非常感謝景杰處經理用心的教導與付出,您辛苦了！謝謝您😊 👍👍👍

很誇張！一個兒都沒有

大同大樓，金山，昇陽，就把103人卡住了

很想哭欸

教案

醫藥費地垮

健康保險，
理財最根本

理財，從自「身」做起。

現代人身體毛病愈來愈多，健保給付卻愈來愈少。

為了別讓疾病侵蝕你的退休金，健保不給付的部分，

就得靠商業健保來補其不足。

不論是單身貴族、薪水家庭、收入都有各自的投保祕訣。

┃范榮靖

健保現況
DRGS
醫療品質
癌症風險
計劃總表
完善防護網
計劃一
計劃

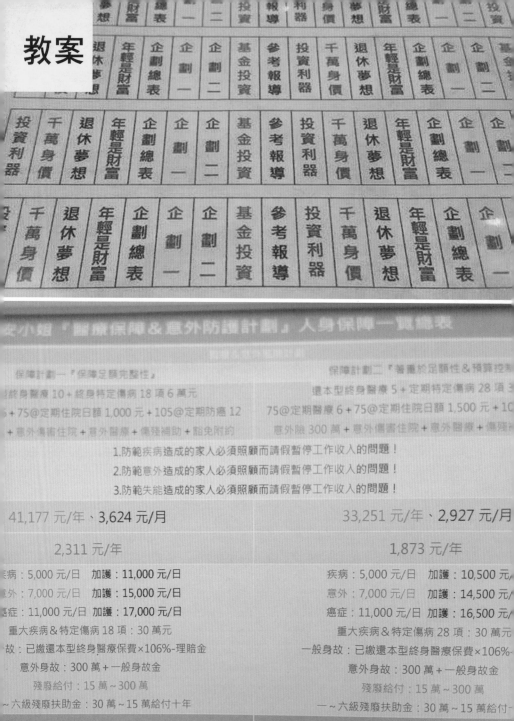

教案

安小姐『醫療保障＆意外防護計劃』人身保障一覽總表

保障計劃一『保障足額完整性』	保障計劃二『著重於足額性＆預算控...
終身醫療 10 ＋終身特定傷病 18 項 6 萬元	還本型終身醫療 5 ＋定期特定傷病 28 項 3...
＋75@定期住院日額 1,000 元＋105@定期防癌 12	75@定期醫療 6 ＋75@定期住院日額 1,500 元＋10...
＋意外傷害住院＋意外醫療＋傷殘補助＋豁免附約	意外險 300 萬＋意外傷害住院＋意外醫療＋傷殘...

1.防範疾病造成的家人必須照顧而請假暫停工作收入的問題！
2.防範意外造成的家人必須照顧而請假暫停工作收入的問題！
3.防範失能造成的家人必須照顧而請假暫停工作收入的問題！

41,177 元/年、3,624 元/月	33,251 元/年、2,927 元/月
2,311 元/年	1,873 元/年
疾病：5,000 元/日　加護：11,000 元/日	疾病：5,000 元/日　加護：10,500 元...
意外：7,000 元/日　加護：15,000 元/日	意外：7,000 元/日　加護：14,500 元...
癌症：11,000 元/日　加護：17,000 元/日	癌症：11,000 元/日　加護：16,500 元...
重大疾病＆特定傷病 18 項：30 萬元	重大疾病＆特定傷病 28 項：30 萬元
...故：已繳還本型終身醫療保費×106%-理賠金	一般身故：已繳還本型終身醫療保費×106%...
意外身故：300 萬＋一般身故金	意外身故：300 萬＋一般身故...
殘廢給付：15 萬～300 萬	殘廢給付：15 萬～300 萬
～六級殘廢扶助金：30 萬～15 萬給付十年	一～六級殘廢扶助金：30 萬～15 萬給付...

身醫療 10：含 6 項終身給付，給付的額度較為足夠，
壽險保障』，建議預算增加時，可用投資型保單規劃壽

1.先降低終身醫療保障額度，提高定期醫療額度，以補...
可有效控制預算支出，待預算更充足時，建議再提高終身...

一份完整的保單應蓋下列組合，那您的呢？

保費明細表_全繳別

- 定期壽險
  - 一般/加護病房費
  - 門診/住院手術費
  - 雜費
  - 實支實付 or 定額給付

- 意外住院/門診
  - 一般/加護病房費
  - 傷折金
  - 住院門診&手術費

- 意外醫療
  - 門診/住院醫療費

- 意外失能
  - 薪資補償

- 1～6級殘補償
  - 薪資補償

健康險 / 意外險 / 壽險 / 豁免保費

- 保障型
  - 終身
    - 家庭生活費
    - 全程療養費
  - 定期
    - 房貸期間
    - 子女成長期

- 分紅保單
  - 美式分紅
    - 領現、儲存生息、抵繳保費、增購保額
  - 英式分紅
    - 保額分紅
      - ☆保額、固定收益及紅利分享
      - ☆保額增值、抵扣保費
      - ☆成為保險公司股東
      - ☆利上滾利、複利增值

- 儲蓄型
  - 前面領
    - 子女教育金
    - 海外旅遊金
  - 中間領
    - 留學、成家金
    - 創業、退休金

被保人		年期	口數	費別	
平安小姐	20年期	1口計劃	13,340	6,937	3,4
平安小姐	20年期	6口	6,640	3,567	1,7
平安小姐	1年期	6口計劃	6,352	3,303	1,6
平安小姐	75歲滿期	10口計劃	4,480	2,319	1,
平安小姐	5年期	12單位	3,108	1,616	
平安小姐	1年期	300萬	3,480	1,810	
平安小姐		1,050,000元			
平安小姐	1年期	20計劃	1,440	749	
平安小姐	1年期	5萬	476	248	
平安小姐	1年期	3單位	90	47	
平安小姐	19年期			1,591	828
總計：11筆				41,177	21,414

一份完整的風險規劃必須蓋過上列各項，現在您

出版序

人人天份不同，但系統銷售人人可學

2000 年 12 月 18 日踏入壽險業至今近 16 年，一路從行銷→訓練→輔導→管理到經營，和所有平凡又不凡的業務員一樣，從業務代表做起一路晉升主任、襄理、經理、處經理，雖有不同職位的歷練，相同的是，始終沒有捨棄站在第一線服務客戶，行銷保險，推廣保險意義與功能的這個選項，因為我知道無論我是那種職位，對一直以來信任我的客戶而言，我永遠是他們的業務服務人員，而我做組織，我也愛銷售，因為我知道持續銷售，不僅能對客戶提供最直接的規劃服務，也能保持自己的市場行銷手感，當然在訓練、輔導團隊夥伴時，也才能和他們有相同的語言和感受。

如同許多餐廳的開業者，往往過去都是一名好的廚師，而開業的成功機率提升，是因為他們掌握了一間餐廳能生存的關鍵因素，就是食物美味，想想，若一個餐廳經營者不懂廚房的事，當廚師離開了，這間餐廳絕不是生意不好的問題，而是必須面臨關門的問題，但若這

個老闆也是一名優秀的廚師，當聘請的廚師有狀況時，他永遠都能馬上取代這個位子而撐起這家店，這也是為何景杰認為，不論在任何職位上，都不要完全離開市場的原因。

而行銷是什麼？為何讓絕大多數的業務員在入門的這關卡關，遲遲無法突破。

我認為行銷是門『藝術』也是門『科學』，因為每個人的邏輯想法不同，表達方式不同，肢體語言不同，反應快慢不同，因為種種的不同，所以行銷者，如同一位藝術家，能自由揮灑、表現、嘗試，當然最終是否被客戶、市場接受，成了立判生死的唯一關鍵。

行銷也是門『科學』，因為行銷有跡可循，有一定脈絡，若能掌握關鍵技巧，自然的問話，豐富的內容及清楚的引導，就能讓行銷的過程很『自然』，很『愉快』，客戶接受的程度也會大大提升。

在過去，業務員經常聽分享，卻學不來分享者的能力，有絕大部份的原因是因為分享者，分享的是他的行銷藝術，而非行銷系統，人人天份不同，但系統卻是人人可學，時時可用，也因此有了寫一本壽險技術書的念頭，希望把自己這 16 年的行銷經驗，化為文字、系統，並把它留在這個行業裡，讓有志從事壽險銷售工作的新人有所依循，先複製再創新，也讓已在這個行業多年的

業務主管，多一個訓練新人的系統參考，讓訓練更有品質，更有效果，進而能為提昇壽險業的從業素質一起盡一點心力。

　　成功行銷的三關鍵：第一、你要知道你在做什麼，第二、你要知道，你知道你在做什麼，第三、你要讓別人知道你會做什麼。

　　這本書希望教會你，讓行銷不再是業務員恐懼的第一道關卡，讓行銷變成你生活中的一部份，自然而愉快～

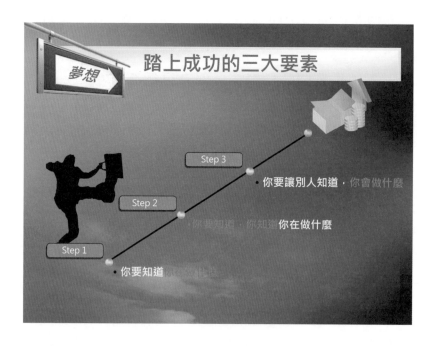

踏上成功的三大要素

夢想

Step 3
你要讓別人知道，你會做什麼

Step 2
你要知道，你知道你在做什麼

Step 1
你要知道你在做什麼

民眾都需要一本「保險手冊」來引導

在老齡化、少子化的威脅及高醫療、高照養化壓力下，不論是台灣，星馬大陸港澳所有的華人，現在對保險可說都已清楚保險的重要性和急迫感。

但明瞭不代表立刻可接受，因為對保險公司、商品、營銷員，還是存著懷疑和不信任。

保險商品五花八門，營銷人員口燦蓮花，是不是保戶需要的，能不能提供最適當的保障，民眾該如何取決，這是重要的課題。

而營銷員如何掌握保險的精神，如何有效地引導客戶的需求，怎麼樣把自己的專業和對保險的認知和深度讓客戶接受，這更是直接的問題。

保險的營銷已經進入雲端化和科技化，網路行銷、銀行資料交叉應用，大大擠壓營銷人員的空間，雖然「科技始終來自於人性」，但無法將保險給於人性化和靈魂是難於讓客戶感動的。

二八定律談的是百分之八十的人難於接受激烈的競爭，更殘酷地說，他們若沒有一套安全有效的營銷技巧，他們很可能被淘汰。

當我參與景杰經理的實務課程時，我用「大開眼界」與「茅塞頓開」來形容是不為過的。

原來營銷的系統和程序是可以有實體的引導和漸進的。而客戶在深入淺出與實際的案例導引下，立刻可以將自己的隱憂得到化解。

景杰經理可以說是靈巧運用科技在保險營銷的年輕一代。他的用心及投入，在進入保險界不過兩三個月時，客戶已認為他有兩三年的功力，他就是如此專注和專業的經營保險的。這幾年來，不論是保戶的數量，夥伴的增加，公司的獎項，他都是脫穎而出的。

當他經營得多采多姿時，其他單位需要他的技術指引和教導，他也不吝惜地分享，甚至擴充到不同公司、銀行界、保險經代界與海內外。

但需要他引導的保險界同業太多了，他可說分身乏術。剛好我接受到他的課程，於是立即建議他，應該要將這寶貴的技巧及工具以文字分享給同業。

而他也熱情地接受出版社的邀約，自己奮勇地在短短幾個月中，將他授課的綱要及內容轉為精彩的文字。

大家有福了，只要你能靜心思考、深入參讀這份工具書，我相信你的功力可以大大提升，對客戶的感受和成效也必然輝煌。

　　在保險界除了本身的堅持、努力，你還要學習和接受不同領域的衝擊，更重要的，若有明師帶領，你的路程走得會更平順和快速，此書可說是「明師」級的武功秘笈，你莫輕忽了！

陳亦純

台大保險經紀人公司董事長
台北市生命傳愛人文發展協會理事長

推薦序

最佳的保險規劃專家

認識景杰經理是在我任職於銀行財富管理資深副總經理時，因為要提升理專的保險專業知識，於是透過中國人壽摯友張資深副總炯銘兄的引介，請景杰經理來銀行幫所有理專進行上課，在那場精闢的演講中，讓我對景杰經理的專業、熱忱留下深刻印象，也建立了我們日後深厚的友誼關係。

幾年來，除了時時保持通訊連繫外，我和景杰經理也常碰面，每一次的相聚我都能感受到景杰經理對保險業的熱愛，更難得的是，他更樂意將自己所學及寶貴經驗與方法，對所有保險從業夥伴無私的分享，我想這是所有認識他的朋友應該都會認同我的看法。

雖然景杰經理非常樂意犧牲自己發展組織及業務推展的時間，去與所有相信、熱愛保險業務的朋友分享、傳授他的經驗與方法，但透過一場場的演講所花的時間與能接觸的朋友究竟有限，長期下來恐怕也非體力和精神所能負荷，因此在大家的催促及建議下，他花了很長

的時間，把與行銷人員可能最急迫想學習的商品行銷，化繁為簡、系統化的整理編寫成本書，讓大家能有清晰的思路與脈絡，相信只要熟練景杰經理教授的這套思維邏輯，一定都能成為最佳的保險規劃專家。

從這本著作中，您會發現景杰經理能夠有今天的成就及專業，源自於他對保險的信仰與熱愛，源自於他的自律上進與不斷自我學習，更源自於他的無私分享熱忱。因此，身為保險業的一份子，我也要利用這個機會代替那些沒辦法當面向景杰經理請益的同業先進向景杰經理致謝，也期待他的下一本著作能趕快產生。

最後，我要極力推薦這是一本保險行銷寶典，值得您買回家細細品味。

吳鴻麟

捷安達國際保險經紀人（股）公司董事長
前元大商業銀行　資深副總經理
荷商全球人壽　副總經理
統一安聯人壽　副總經理
第一銀行保代　總經理

推薦序

有渴望、有目標、有信念、有信心

雖然景杰出身於我過去在台灣帶過的團隊，但我在台灣工作時並不認識景杰，與景杰結識、結緣於他來鑫山的 2013 年巨星風雲會擔任專題講師。那時，我創辦的鑫山保險代理公司甫成立一年多，舉辦第一屆巨星風雲會年度表彰會，想邀請台灣的傑出主管分享激勵，經一位舊屬推薦，而景杰也慨然跨刀相助。他的分享非常落地、非常實用，在營銷團隊中引起很大的迴響，對鑫山平台的建設有相當的貢獻。

我帶壽險團隊超過 40 年，認為團隊經營最核心的基礎在於選才、育才、用才。我晉用人才，又首重熱情、正氣、態度、質感。我初見景杰，即明白他在壽險行業一定會成功，能成為保險企業家，因為他完全俱足這 4 個特質，而謙虛、快速學習的態度又加快他成功的速度！

我翻閱景杰的書稿，感覺就像聽他的演講一樣，很系統化，很細膩，很接地氣，初學者都容易上手操作，

对老手也很有啟發。壽險經營成功，一定要系統化，特別是教育訓練體系。只有系統化，才能複製傳承，有效學習。景杰一向是一位邏輯性很強的優秀團隊隊長，他發展出系統性的銷售話術技巧，且不藏私地分享給業界同行，對保險業的貢獻實在巨大。

　　人生之活得精彩，在於有渴望、有目標、有信念、有信心。我覺得景杰就是這樣的人，工作和生活都過得多彩多姿，保險生涯給他一個發揮的平台，他也掌握了這個機緣，淋漓盡致的展現風采，快意人生，是行業標桿，值得大家學習。

林重文

現任大陸鑫山保險代理公司董事長兼總裁
前台灣慶豐人壽保險公司總經理
前大陸中宏保險公司總裁

推薦序

保險完全行銷手冊

　　台灣壽險業走過半世紀，尤其近幾年來，台灣民眾的保險觀念已十分健全，保險對於大多數人來說，已是必需品，更被視為人生風險的最後一道防線。

　　以我個人在業務線上的觀察，因為網路資訊的發達，消費者可以透過許多不同管道得到訊息，因而現在在業務的推動上，業務員的專業素質提昇相對以往也更為重要，不論是傳統的保險公司，保經代，甚或是銀行、證券都是如此。

　　而景杰處經理一直以來，在專業表現十分優異，即使已是領導一個通訊處的處經理，自己依然長年站在銷售的第一線，為客戶做專業的規劃服務，而公司也經常借用他的專長，協助公司在各類的訓練課程中，把他十分實務、有效的經驗傳承給壽險業的夥伴，每每都獲得學員熱烈的迴響，今天、他將這麼多年的實戰經驗書寫為文字，以系統化，故事性的對話方式呈現，綜觀市面上的相關書籍當中，幾乎找不到這樣一本將銷售的每

個環節能這麼真實的呈現方式，相信對每一個對保險行銷上有興趣的夥伴都有極大的幫助，不論是初入壽險業正在尋找一套有效的銷售引導方式，或是已在壽險業許久，想要架構訓練系統的主管們，都是一本十分難得的參考教科書，能幫助你省下許多時間，以學習、複製而後創新的方式來幫助你快速且紮實的培養起專業的銷售技能。

如果考取業務員資格需要一本公會測驗參考書，那行銷保險，就需要這一本實務的保險完全行銷手冊了，現在的保險銷售已和過往有極大的不同，每一個從業人員都需要面對市場上快速的變化和競爭對手的挑戰，只有讓自己保持不斷學習與精進，方能在市場上立於不敗之地。

張炯銘

中國人壽資深副總經理

推薦序

從卓越到超越的保險達人

　　多年前在公司頒獎典禮見到景杰處經理（以下稱景杰）時，覺得這個年輕人好有禮貌工作表現好傑出，多年來我和景杰雖不屬同一個通訊處，但我們都一起參與公司年度競賽活動，幾乎年年都會和他同時獲獎並接受公司招待出國旅遊，從此我們成為好同事我們姊弟相稱，經常分享工作及生活經驗，景杰是個很願意付出的好主管，常年來擔任公司的訓練講師，是學員們心中的最佳導師，幾年前我們相約幾位區經理同事們共組讀書會，成員包括王美莉經理，游靜怡經理，張愛惠經理，張雅如經理，潘忠陽經理等，因我年長大家推我為共好領袖讀書會 CEO，每周聚會一次相互學習，景杰是讀書會中最年輕的區經理，在讀書會中的高手們大家無私的付出與分享，讓共好領袖讀書會每位成員都在進步與成長，我們的共識是要成為模範主管，所以每年的競賽活動必達使命完成競賽績效一起出國，10 多年來我們一

起玩遍歐美及亞洲各地，這真是一件太美好的事啦！

景杰更設定目標要全力增員成立通訊處命名為「承暘通訊處」希望我們可以協助他督促他完成目標。

想要！敢要！得的到！

景杰在他 35 歲那年美夢成真創建了一個非常傑出的團隊，成為「承暘通訊處」處經理。

景杰因為自己投入金融保險，當然幫自己的生涯規劃～風險規避～退休養老金透過保險商品做了最佳配置，成為金融媒體寵兒，接受許多報章雜誌及電視媒體採訪，從網路上搜尋「鄭景杰」您就知道他是保險生活～生活保險的模範生啦！

大家都知道每個成功的男人背後都有一位賢內助，確實如此！景杰的太太也是我們的同事「韶芳」不論在工作和生活上韶芳都是景杰的助手與貴人，他們夫妻在保險事業上的成就讓我再次見證「努力換取代價」的真實故事，目前他們已有一對可愛的寶貝女兒啦！

人生的選擇非常重要，景杰全力投入保險事業，如今透過努力工作設定目標達到五子登科的生活境界，妻子、孩子、車子、房子、金子。

最難得的是景杰對成功方程式從不藏私的到各地分享。我要大力推荐景杰親手寫的這本「不懂行銷，也能輕鬆成交」，不論您是業務員或是消費者您都非看不可，因為業務員可以學到如何做好專業行銷，和客戶交談時問對話做對事，而消費者可以選對保險顧問幫您量身訂做您需要的保險規劃喲！

相信您看完這本書~您一定收穫滿滿~愛上保險啦！

吳稼羚

中國人壽業務經理
國際知名講師

站在巨人的肩膀上

認識景杰已經十五個年頭了，從當年他還是一個小小的保險業務主管，在跟他接洽安排個人保險事宜的時候，就可以感受得到他對這份工作的熱情和專注。更甚者，當時景杰身上所散發出來對保險業的企圖心，讓我毫不懷疑他日後必定會在保險業大放異彩。當然，結果大家也都已經知道，景杰在這十數年的保險生涯獲獎無數，而且現在也成為中國人壽之中年輕新銳的處經理。

現在景杰要出書了，內容充滿了他十數年在保險之路上累積的經驗。牛頓說：「如果我看得比別人遠，那是因為我站在巨人的肩膀上。」如今，景杰就像一個在保險業的巨人，為了提攜後進，希望拉拔有志於此的後輩，讓他們站在他的肩膀上，看得更遠、走得更長，所以把這些心得匯集成冊，也希望讀到這本書的人能因此獲益匪淺。

就如同景杰所說的，專業是唯一的生存之道。但是我還希望讀這本書的每一位朋友，能夠從中讀到景杰對

這份工作的專注和熱誠，進而更向他看齊，再配合上景杰親授的專業內容，想必成功就會在不遠的未來！

張凱忻

愛鄰診所院長

前言

親愛的好朋友：

當你打開這本書的時候，不知道你期待從這本書裡看到什麼？找到什麼？不知道你正從事著什麼行業，或是你對於人生職涯是否正處於一個交叉路口，正思考著接下來應該朝那個方向前進。

但不論你現在處在什麼樣的狀況下，都希望你在看完這本書後，會找到一個答案和方向。

我想、沒有人的一生計劃失敗，但人往往失敗在沒有計劃，更失敗在沒有明確的方向和認知。

業務工作更是如此，在過去經濟飛快成長的時代裡，工作機會俯首皆是，加薪是常態，人人只要願意努力，不論是內外勤，都有不錯的發展和機會，而這十年來，全世界的大環境變了，但環境裡的人若沒有跟著調整和改變，就等著被環境改變，變的更保守，變的更不敢去追求自己想要的，變的害怕失去現有的，等到一段時間後，就會開始問自己，如果再來一次，我一定怎樣，如果當初我換了，現在一定很不同。

如果你問從事業務工作 16 年的我，業務的工作，

辛苦嗎？我會告訴你，當然辛苦，不只辛苦，過程當中，你還會碰到許多人可能一輩子都碰不到的困難，挫折，甚至難堪，但看看這些的背後，代表的卻是，能力的提昇，處理事物的靈活和絕佳的自我對話療癒能力，更重要的是，它會累積出你的自信。

這幾年以來，全世界總經環境起起伏伏，加上科技的進步，許多過去較不受影響的工作，也都出現了風險，常有人問我，你做保險業務和其他的業務，都是業務，有什麼不同。

我說，看似相同，實則大不同，保險看似在銷售商品，實則在透過保險解決客戶擔心的問題，想完成的夢想，而且使命必達，保証實現，**有什麼樣的工作，比能解決人們擔心的事，更有價值，比協助朋友完成夢想，更有意義。**

保險從業人員和其他的業務不同之處，更在於他們的工作和價值，發生在銷售過後，在銷售過後，保險業務員的工作才真正開始，開始進行一連串的服務，他們深入客戶的生活，陪伴客戶經過人生許多重要的時刻，想想、你和賣車的、賣房的、賣鞋子的、賣衣服的、在交易過後，有繼續互動嗎？他們有經常與你聯繫，甚至成為你的朋友嗎？但你是否發現，你和你的保險服務人員，從一開始的陌生，到現在像朋友一樣，或許他不

見得天天在你身邊，但往往會在你需要的時刻，適時出現，因為他們在乎的並不是一件案子的成交，而是客戶交付的信任。

猶記在多年前，一位多年的好友兼客戶給景杰打了個電話，電話中，他說：景杰，你老實告訴我，業務到底好不好做，我問他為何突然問這個問題，他說：他一直覺得很好奇，我們從同一個學校畢業，在校成績他也總是比我優異，為何在踏入社會近 16 個年頭了，竟發現我們的人生出現了戲劇化的差異和不同，他最近不斷思索，到底原因出在那？他說，我看你經常的出國旅遊，有車子、有房子，有一份很棒的事業，還能經常的陪孩子，經常的學習，重點是看你每天似乎都很開心。

我告訴好友，我覺得**人生是一連串選擇的總合，努力很重要，但好的選擇有時比加倍努力更重要**。我說，**就好像我們經常搭捷運、高鐵，在出站時，總是有二個選擇，一個是人滿為患的狹窄電動手扶梯，一個是幾乎沒人的寬廣樓梯，我只是選擇了那個比較沒人走，費力、但寬廣的路，人生的選擇不就是如此，我們每一天都在選擇，但如果每個選擇都是輕鬆的，那我們肯定比較容易失去發展的機會**，如同每一個老闆都沒有底薪，可是老闆卻永遠是最賺錢的那個，因為他很早就看透了，別讓穩定的薪水，捆住那顆想與眾不同的企圖心，一個同業的朋友曾說：我們從事保險工作，從來不是因

為它『簡單，好做』，而是它『困難，值得』，年輕人應該要『夠年輕，就成功』，因為成功來的晚，『快樂卻不痛快』。

景杰經常回想 2000 年 12 月 18 日那一天，捨棄電機工程師一份起薪不錯的薪水，進入一個零底薪的壽險工作，但當時興奮更勝恐懼，因為這是我選擇的人生道路，也是第一次真正為自己的人生負責，印象深刻第一個月的薪水是 5,876 元，只有上一份工作的 1/6，而 16 年來，過程並不輕鬆，酸甜苦辣，被人拒絕，放鴿子常有，看人臉色不計其數，許多心裡的苦，沒法對人說，因為說了，也不會改變什麼，最終還是得自己去面對，而多年來，我發現能力並不是學來的，而是磨練來的～

許多人在做選擇時，經常會問自己，『可能成功和不可能成功』，而『可能成功和不可能成功』的差別是什麼？其實是行動，一個認為不可能的人，是不可能去行動的，一個認為『為什麼不可能』的人，會採取行動，在過程中，就會一步一步化別人眼中的不可能為可能，而任何一個人，只要願意，他都能學會，他過去不會的每一項能力。

在過去幾年，有許多人總覺得這個時代已經沒那麼好，機會沒那麼多，我們做的再多，也不會像以前的人一樣好，對於這種想法，我有另一種看法，我記得馬

雲創立阿里巴巴時，找了十幾個朋友到家裡，和這群朋友說他想創業的想法，結果所有的人都聽不懂他在說什麼，當然也都反對，只有一個人說，你可以去試試，試想，若當時馬雲聽了大多數人的話，那還有阿里巴巴嗎？如果你知道你要什麼？你該做什麼？那何必讓別人的看法左右你，你的人生，他又不會負責～

在最壞的時代，也有最好的機會，因為大部份人的改變都是在不好的時候，如果你現在收入優渥、家庭，生活美滿幸福，你會想改變嗎？還是你收入不足應付生活及未來，每天日復一日沒有進步，你會想改變？在整體情勢不好的時候，不要去想這個情勢過一陣子會改變，而是想想自己要怎麼做，古人說：山不轉路轉，就是這個道理。

如果我們做一件事時，要先確定會成功才去做，那這一輩子，我們會去做的事，其實不多。

這麼多年來，看過許多夥伴起初充滿熱忱的從事業務工作，最後卻不是幸福收場，最主要的原因是『工作換了，但心態沒換，方法沒換』，業務工作和一般工作最大的不同，是自己要『找事做』，而不是『等事來』，如果從事業務工作，卻沒有業務的心態，那結果大部份不會是你想的那樣。

如果你看看你現在的年齡，再回想一下你曾經過的

歲月，你真的會發現，其實人生沒那麼長，在這麼短的時間裡，怎麼能把最寶貴的時間用來浪費，虛度。

做業務，就是在經過不斷『進步、突破、提昇、想辦法』的過程，不然為什麼要來做業務～

而不斷的進步有這麼重要？或許每個人的感受不同，但我能肯定的告訴你，若我們沒有一直進步，那我們所處的狀況絕不是穩定，而是倒退，而且我們卻可能倒退的毫不自知～

我們永遠不可能教會別人，我們自己都不會的事，這本書把過去我16年，服務上千位客戶，成交數千份保單的業務經驗濃縮於此，希望的是讓有志從事業務工作的人，更有效率，更有系統的學習技能，快速的進入狀況，在業務工作上穩定成長，走的快，不如走的穩，成功有時不是屬於跑的最快的人，而是不斷在跑的人。

第一章

行銷前的個人準備

一、一開始，你的自信很重要：

　　初期從事壽險事業時，總會被問到，你做多久了，你會做多久？常常聽到有人這樣回答，我做多久了，不重要，重要的是，你放心，我會做很久，會服務你一輩子，這樣的回答，充滿熱情，但有些不切實際，因為沒有人知道明天會發生什麼事，而且客戶心裡是否相信，才是關鍵。

　　我會這樣答，當有客戶問，你做多久了，我都反問客戶，你覺得我做多久了，在初期得到的回答，都是你應該做二、三年了吧，但當下，其實我才剛入行三個月不到，**我發覺，客戶是用和你互動，談話的過程中，你的表現來判斷你做了多久，所以做多久，有時不重要，重要的是，做第一天，我們就要準備好**，我們的表現，讓客戶覺得你做了很久，這中間很重要的是你的自信，因為對自己的身份認同，所以有自信，因為對自己銷售的商品了解，所以有自信，因為充份掌握了銷售的關鍵技術，所以有自信，所以自信，是來自於你很清楚，你在做什麼，且知道如何把它做的好，但也別忘了，時時面帶微笑，**微笑會消除我們和客戶之間的緊張和陌生感，拉近我們和客戶之間的距離，而微笑經常也是一種自信的表現。**

二、目的，設定戰術主軸：

　　每一次的拜訪，都有不同的目的，有時是建立關係，有時是服務拜訪，有時是締結合約，但業務員出門前，一定要先設定好，今天拜訪的目的，因為目的清楚，戰術才會清楚，例如：今天的目的是建立關係，就和客戶天南地北的聊天，讓這次見面是個愉快的過程，讓客戶喜歡和你見面，而和客戶見面時，若不知道聊什麼，只要記得，聊客戶有興趣的，聊客戶生活、工作周遭的話題就不會錯，例如：請教客戶工作上的專業，假日的休閒娛樂等等，都是很好建立關係，並能對客戶有更多了解的好方法。若是締結合約，就必須在和客戶面談時，切中主題，掌握面談的節奏，並了解如何觀察客戶表情，反應，適時要求締結，而締結的關鍵技術，在後面的章節，再和大家做詳細的說明。

三、過程，可預期的反應：

　　業務員在和客戶互動的過程中，做什麼反應都好，就是不能沒有反應，當客戶詢問一個問題時，若業務員無法做出適當的反應時，客戶的信任感將會開始降低，所以業務員在出門與客戶面談前，必須先設定好和客戶的話題，問話互動的方式，並思考，問什麼話，客戶會有什麼反應，當然你必須對這個客戶有基本的認知與了解，才能在面談的過程中，有效率的一步一步的引導客戶。

　　而互動與問答的過程中，業務員設定的問句，盡量是讓客戶好回答的是非題或選擇題，而非申論題，尤其是在客戶不熟悉的主題時，客戶往往不知如何回答而導致場面尷尬。

　　例如詢問客戶：你覺得一份完善的保單要應該如何規劃，客戶通常無法準確的回答這樣的問題，因而讓面談無法順暢的進行下去，你可以換這個方式來問客戶，你覺得如果要規劃一份保險，是不是一定要面面俱到，在保費合理可負擔的範圍內，不論發生任何意外或疾病事故，都不要花到自己的錢，把經濟風險都轉嫁給保險公司來負擔，你覺得對嗎？

　　這樣的問法，一方面達到傳遞觀念的效果，一方面讓客戶易懂容易回答，面談就可以順暢的進行下去，且必須注意，**在與客戶面談問題互動的過程當中，所設計的引導方式及說話方法，都必須是正面、肯定，讓客戶不會說 NO 的字句。**

　　例如：不要說『你覺得你需要買一份保險嗎？』，這樣的問話，會有需要和不需要二種，也就是說這個問句當中，有一半以上的機率，會得到否定的回答。

　　可以換成這樣問：你覺得，如果我們遇到人生風險發生時，不論是疾病或意外而需要治療、休養一段時間，若有商業保險來為我們負擔所有的花費，不要用到

自己的錢，更不需要擔心休養過程當中無法工作的薪資損失，你會不會覺得很好，這樣的問話，得到正面回答的機會就很高。

四、利益，達成最後的結論：

在每一次和客戶互動、交談的過程中，不論次數有多少次，最後的結果，若沒有締結，讓對方真正成為你的客戶，代表我們的話和建議，客戶最終沒有接受，那一切的努力最終是沒有結果的。

我們常說，客戶簽下他的名字，代表他接受你的建議。

客戶介紹他的家人、朋友給你，代表他真正認同你的專業與服務。

業務員一切的努力，會在那一刻確認價值～

五、結束不只是結束，追追追：

締結一份保單，不僅不是結束，而是開始。

在客戶簽約的那一刻，當我們把文件送回公司審核，到保費授權成功，製作保單再到遞送保單，短則一周，長則一個月都有，而業務員在這中間必須和客戶保持一定程度、頻率的互動，才能確保這份合約的穩定

性，不致於在中間有所變數。

想想、尤其是一個陌生客戶或是轉介紹客戶，在與你不是十分熟識，信任度十足的狀況下簽下了要保書，回家後，是否有可能產生其他的想法，或是任何一個你沒想到的人，給了客戶另一個建議，但不論是什麼，都可能讓你辛苦締結的保單，有所變化，所以業務員必須要做到締結後，到遞送保單前，和客戶做好保溫的動作，以降低變數，而保溫的動作怎麼做呢？

其實保溫，就是保持自然的聯繫，並讓客戶不斷的確認當時他購買保險的意義與想法。而簡訊就是一個很好的工具，既不會打擾到客戶，又可以達到保溫的動作。

狀況範例：在客戶締結後，就可發一封簡訊給客戶，進行第一次的保溫。

簡訊範例：韶芳、很開心今天為你規劃了人生的第一張保單，景杰相信，保障的意義來自對家人的愛，一份專業、完善的規劃，更能讓我們免於風險來臨時，對自己、甚至家人所造成的經濟負擔，這也是景杰一直堅持的，在保單核保、製作完成後，會立即和妳聯絡，將保單送到妳的手上，祝福妳順心如意、關心妳的好朋友景杰上。

在保單確認核保成功，或是保費授權成功時，也可再發一封簡訊給客戶，進行第二次的保溫。

簡訊範例：韶芳，恭喜妳喔。保單已順利的核保，且保費也已授權成功，公司將在近期就會發單，一製作好，就和妳聯繫妳方便的時間，幫妳送過去。PS：最近天氣變化大，出門也別忘了加件衣服喔。關心妳的好朋友　景杰上。

在保單送達客戶手上後，進行第三次的保溫。

簡訊範例：韶芳，今天將保單送到妳的手上，恭喜妳擁有了一份完善的保障，景杰也將開始未來一連串的服務，很高興有這個緣份認識妳、為妳服務，也感謝妳的信任託付，未來有任何需要服務的地方，別客氣，隨時告訴我，祝福妳、一切順心、平安喜樂，關心妳的好朋友　景杰上。

相信經過上述三個階段的關係保溫，這個客戶和保單的穩定一定加分不少，客戶對你的信任也一定有加分，起碼客戶會認為你是一個不同於其他人的業務員。

我常說，在未來的時代，差異化勝出，一樣是做業務，在商品差異性不大的狀況下，誰能做出感動服務，差異化行銷，誰就能搶得先機。

當然服務才是王道，也是轉介紹的關鍵所在，在

締結後開始的一連串服務，絕對不是說說而已，而是真正的去落實，**服務的大原則是，『定時定事，簡單，易做』，盡可能不要去做太複雜的服務，若服務的方式不能長久，連開始都不要開始。**

　　把服務做到位，業務員就能用『服務取代行銷』，轉介及客戶再購買，絕對是無往不利，如果客戶都沒有再和原本的業務員購買或是轉介紹，絕對是服務出現了很大的問題。

　　而客戶會重新購買的時間，大致上是 3 ～ 5 年，或是工作、家庭結構產生變化時，業務員可要多加注意了。

第二章

充份了解商品，圖像化，
故事化，生動演譯商品

一、客戶不買單的原因是什麼？

不急、不信任、沒幫助、不需要，我想都有，但還有一個大家很容易忽略的，就是『聽不懂』，當客戶沒聽懂業務員的說明時，客戶當然不容易決定，但客戶往往不會告訴業務員，剛剛那一個小時，我完全沒聽懂你在講什麼，最後用一句話來拒絕業務員，就是我回去想想。

試著想想，當你去買一支手機時，電腦時，當下會不會問一下價格、功能，之後再依照自己的需要和預算決定是否購買或是選擇，若把這件事放在保險行銷上，也是相同的道理。

一個壽險從業人員，學習了大量的專業知識，但若沒有把專業知識，轉化為客戶可以聽的懂的方式，往往不容易達到效果，業務員的工作是化繁為簡，而不是化簡為繁。

在印度電影三個傻瓜片中，教授和主角藍丘一段什麼是機器定義的經典對話，就充份的表達了我想告訴大家的，如何把難懂的專業名詞，講的讓非專業的人也聽的懂，才是真正的專業。

人是以圖像化的方式思考，文字無法讓客戶充份了解，唯有透過圖像才能有效傳達。

台灣的壽險業走過半世紀，商品也與時俱進，每家保險公司的商品，不要說客戶難以選擇，有時業務同仁自己也沒能充份的了解商品特色和功能性，想當然爾，就無法將對的商品，用在適當的規劃上。

二、用邏輯敘述商品架構，用故事傳達給付內容

　　但即使上千種的保險商品，還是能把每一個商品的給付內容大致上劃分為三大類，清楚的讓客戶知道，每一個險種規劃的目的性及必要性，當客戶清楚知道為何要這樣規劃時，就不會要求業務員，這不要，那個刪掉，把原本一份『完整、足額、細目』性的規劃，刪的面目全非。

　　而第一步，則是業務員要充份的了解自己銷售商品的內容、特色和功能，才能有效率的說明，所以要先能**把商品有邏輯的分類及背誦，並能把每一個商品的給付內容，用故事的方式和客戶說明**，這樣一來，不但業務員不需死記每一項商品的眾多給付項目，也能讓客戶在聽故事的過程中，同時了解每一個商品規劃的目的性。

　　在背誦商品的過程中，不論商品的給付內容為何，一定要可以有效的分類後說明，先依照下列的邏輯重新排列商品給付的順序，一旦你建立起這個順序邏輯，不但背誦容易，未來在市場上幫客戶做保單檢視時，

也能用這樣的邏輯去分析每一家同業的商品內容，無往不利。

我們以給付項目最複雜的**醫療險來做邏輯性排序說明**，以**防癌險來做故事性敘述說明**，並帶著大家來做一些練習，商品的給付背誦邏輯，建立在每一個保險商品都是在預防保戶因為疾病、意外而必須住院治療時所產生的花費來做設計，所以接下來的背誦，請以下列三項來做排列及說明。

PS：保險公司的醫療、意外商品給付內容排列順序，一般來說在建議書上的呈現方式、會和我們背誦的順序有些不同，所以調整背誦順序的目的，是為了讓客戶清楚的知道給付項目的完整及和客戶的關係，並不會因為建議書上的順序不同而有所衝突。

想想當一個人因疾病或意外住院時，一般通常有三項費用的支出。

第一：單人房或雙人房的**病房費自費差額**。

第二：**手術治療的花費**，一般分為『門診手術、住院手術、及住院手術看護金』三項為最常見。

第三：凡非病房費及手術費以外的，我們統稱為**住院醫療費用**，俗稱『**雜支雜費**』，例如：指示用藥、器材、掛號、救護車，出院前後門診，急診金，出院療養金之

類的費用，或是非上述一、二項的費用，均納入第三項。

排列的順序以『上述三項費用及發生的前後順序，及由小至大（輕度至嚴重）為準則』。

以住院需要的三大項花費來排列

★病房費差額（一般住院 & 加護病房）

★手術費（門診手術、住院手術、手術看護金）

★雜支雜費 & 療程（指示用藥、器材）

以下我們以『終身醫療，定期醫療及防癌險』來做一些示範，如何重新排列說明順序：

終身醫療範例 I

假設給付項目如下，如何依照準則重新調整順序，以便說明

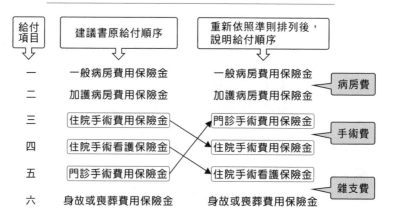

終身醫療範例 II

假設給付項目如下，如何依照準則重新調整順序，以便說明

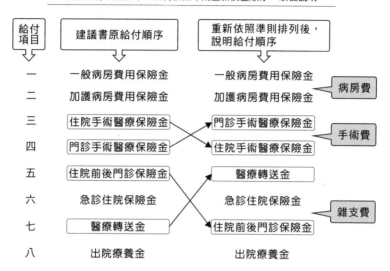

給付項目	建議書原給付順序	重新依照準則排列後，說明給付順序	
一	一般病房費用保險金	一般病房費用保險金	病房費
二	加護病房費用保險金	加護病房費用保險金	
三	住院手術醫療保險金	門診手術醫療保險金	手術費
四	門診手術醫療保險金	住院手術醫療保險金	
五	住院前後門診保險金	醫療轉送金	
六	急診住院保險金	急診住院保險金	雜支費
七	醫療轉送金	住院前後門診保險金	
八	出院療養金	出院療養金	

提醒一：
先依前二項(病房費，手術費)排列後，其他項目歸類為(雜支費)，
再依發生的前後順序排列，
以上列為例『先轉送→再掛急診→出院後門診→出院療養金』。

提醒二：
將所有給付項目有順序，邏輯的排列後，
不僅可讓客戶清楚了解給付項目及特色，
也能快速判別所有同業同類商品的給付差異或優勢。

定期醫療範例：假設給付項目有六項

假設給付項目如下，如何依照準則重新調整順序，以便說明

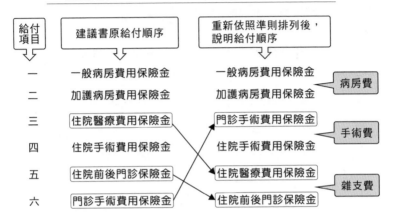

給付項目	建議書原給付順序	重新依照準則排列後，說明給付順序	
一	一般病房費用保險金	一般病房費用保險金	病房費
二	加護病房費用保險金	加護病房費用保險金	
三	住院醫療費用保險金	門診手術費用保險金	手術費
四	住院手術費用保險金	住院手術費用保險金	
五	住院前後門診保險金	住院醫療費用保險金	雜支費
六	門診手術費用保險金	住院前後門診保險金	

癌症險以故事性說明：假設給付項目有十四項

假設給付項目如下，如何依照準則重新調整順序，以便說明

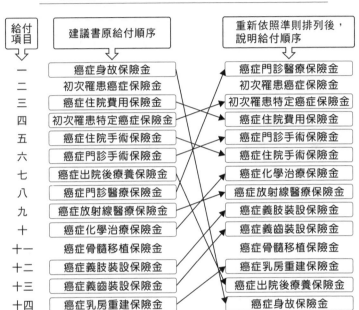

　　背誦說明時、依故事順序調動如下：將第八項調至第一項，第四項調至第三項，第三項調至第四項。第六項調至第五項，第五項調至第六項，第十項調至第七項，第九項調至第八項，第十二項調至第九項，第十三項調至第十項，第十四項調至第十二項，第七項調至第十三項，第一項調至第十四項。

運用說故事的方式來說明癌症險，以一個人若罹患癌症會經過的階段，帶入癌症險眾多的理賠項目。

　　故事說明範例：景杰，我知道你很重視癌症險的規劃，因為我們都知道，在台灣，癌症連續34年名列十大死因之首，以104年台灣總死亡人數16萬3,574人來計算，而其中4萬6,829人是因為癌症而離開，也就是說每3.5個離開的人中，有1個人是因為癌症而死亡，比例達到28.6%，隨著醫療科技的進步，不論是標靶藥物或是免疫療法，其實癌症早期發現治療，治癒率與存活率已大大提升，雖然癌症不再是絕症，但面對癌症的龐大醫療費用，才是我們所擔心的，所以若我們想以規劃防癌險的方式來預防癌症發生時的治療費用，只要知道，一個人若罹患癌症會經過什麼過程和需要什麼治療，就會知道如何選擇一份我們需要的防癌險，不是嗎？

　　那景杰，你想想，一個人若罹患癌症會經過什麼過程～

　　我想，自己的身體狀況自己最清楚，若不舒服第一件事，一定是去醫院**掛門診**，問醫師，我怎麼了，醫師經過相關**檢查**後說，你**罹患了癌症**，並且是男性**特定的癌症**，此時、心情必然不好受，準備**住院**接受相關的治療，治療的過程可能有『**門診手術、住院手術、化療、放射線**、或者因癌細胞轉移而截肢，需要裝設**義肢**，也可能是治療當中，因為牙齒掉落需要裝設**義齒**，若是血癌的

病人可能需的**骨髓移植**、及乳癌需切除乳房後的**乳房重建**』等，治療出院後，身體還是很虛弱，無法立即工作，所以**出院後會在家療養**一段時間，若病情再復發或惡化，則可能再重回醫院治療或是**身故離開**，景杰，你想想看，上述這些過程，是不是一個人萬一罹患癌症時，可能會經過的過程，而你會發現，我們公司的防癌險，正好就是針對這些過程保障我們的客戶。

　　PS：各家公司癌症險給付項目不一，但只要依照上述的方法，把自己公司的防癌險給付項目放進過程中，並用故事性的方式來陳述，客戶就能很快的進入狀況，並了解你所說明的商品特色。

　　意外險範例：給付意外死亡及意外 11 級 79 項殘廢等級 5% ～ 100%

　　如何第一時間反應各等級的給付比例，**背誦口訣：把級數當十位數，合計理賠 % 為 110 即是。**

　　PS：除 11 級殘為 5% 例外

例一：2 級殘當作 20，20 ＋？ =110 ？ =90，即 2 級殘理賠 90%。

例二：7 級殘作 70，70 ＋？ =110 ？ =40，即 7 級殘理賠 40%。

以 100 萬意外險為例

意外殘廢等級	理賠金額
意外身故	1,000,000
意外第一級殘廢（100% 投保金額）→ 110	1,000,000
意外第二級殘廢（90% 投保金額）→ 110	900,000
意外第三級殘廢（80% 投保金額）→ 110	800,000
意外第四級殘廢（70% 投保金額）→ 110	700,000
意外第五級殘廢（60% 投保金額）→ 110	600,000
意外第六級殘廢（50% 投保金額）→ 110	500,000
意外第七級殘廢（40% 投保金額）→ 110	400,000
意外第八級殘廢（30% 投保金額）→ 110	300,000
意外第九級殘廢（20% 投保金額）→ 110	200,000
意外第十級殘廢（10% 投保金額）→ 110	100,000
意外第十一級殘廢（5% 投保金額）→ 105	50,000

三、保險圖像化，全險圖建立客戶保障規劃觀念

　　首先業務員要先能有效的將保險商品分類及敘述，把這張圖表的內容完整說明，其實就幫客戶把觀念也建立好了：

　　以右圖為例：

　　是一份全險圖的分類，清楚的劃分不同險種的功能性，也透過這張圖，能有效的讓客戶知道，什麼樣的規劃，才能達到保障自己及家庭經濟的功能。

一張完整的保單涵蓋下列組合，那您的呢？

定期醫療
- 一般/加護病房費
- 門診/住院手術費
- 雜費
- 實支實付or定額給付

意外身故與殘廢
- 一般/加護病房費
- 門診/住院手術費
- 雜費
- 實支實付or定額給付

終身醫療
- 一般/加護病房費
- 門診/住院手術費

意外住院/骨折
- 一般/加護病房費
- 骨折金
- 住院門診&手術費

定期/終身防癌
- 癌症長期治療

意外醫療
- 門診/住院醫療費用

重大疾病/特定傷病
- 龐大的醫療支出

意外失能
- 薪資補償

長期看護
- 長期的生活療養

1~6級殘廢補償
- 薪資補償

健康險
疾病或意外所致之醫療

意外險
非因疾病之外來因素

豁免保費

壽險
疾病或意外造成的身故或全殘

投資型
- **前收型**
  - 高額保障
  - 長期投資
- **後收型**
  - 高額保障
  - 中長期投資
- **年金**
  - 長期退休金

★高額保障
★保險理財雙效合一
★保額、保費自由調
★年期自由選
★基金帳戶自由運用

分紅保單
- **美式分紅**
  - 領現、儲存生息、抵繳保費、增購保額
- **英式分紅**
  - 保額分紅

★保障、固定收益及紅利分享
★保額增值，抵抗通膨
★成為保險公司股東
★利上滾利，複利增值

保障型
- **終身**
  - 家庭生活費
  - 全殘療養費
- **定期**
  - 房貸期間
  - 子女成長期

儲蓄型
- **前面領**
  - 子女教育金
  - 海外旅遊金
- **中間領**
  - 留學、成家金
  - 創業、退休金
- **後面領(期滿領)**
  - 退休金

一份**完整的風險規劃必須涵蓋上列各項**，
現在您還會認為隨便買，
一份連自己都不了解的保單，
能給你和家人一份**無後顧之憂**的承諾與保障嗎？

主軸：利用圖像清楚的和客戶說明全險，並建立清楚的規劃觀念。

　　目的：因為客戶清楚人生各種不同的風險，因而需規劃不同的險種搭配組合，且因深刻了解各種風險，在業務員規劃的當下，就不會輕易的刪減當中的任何一項。

　　敘述範例：角色『景杰為業務員，韶芳為客戶』

　　景杰：常有客戶問我，到底保險是什麼？為什麼有這麼多商品，到底一份完善的保險要怎麼規劃。

　　景杰：韶芳、**其實保險很簡單，保險是一個工具，這個工具的目的在預防當人生發生風險時的家庭經濟損失，而我們其實只要先清楚知道人生會有什麼樣的風險需要防範，就會知道如何規劃一份完整的保單。**

　　景杰：韶芳、妳想想、妳覺得人生會有什麼風險，是不是有『**死亡、意外和疾病三大類的風險**』？妳有沒有想到第四種。

　　景杰：如果沒有，我們先想想，死亡的風險又分為疾病或意外身故，所以當一個人有家庭責任時，就必須要透過壽險和意外險來轉嫁當風險發生時的家庭責任，而若妳剛出社會，一人飽，全家飽，暫時不需要負擔家庭責任時，可以先把本身的意外和疾病風險先行規劃完

善，當收入穩定，家庭狀況變更時，就要趕緊把壽險保障補足。

　　而壽險也區分為幾個大類可以讓客戶選擇自己最適合的工具來規劃，例如：傳統壽險，在保障長短期中，分為『終身型及定期型』，在幣別方面，可分為『台幣型及外幣型』，在功能性方面，分為『保障型，投資型，及生死合險（俗稱的儲蓄險）』，客戶可以依據自己的需要，預算來選擇最適合自己的規劃。

　　景杰：**那針對意外和疾病的風險應該要如何規劃呢？**

　　我這樣說、韶芳幫我聽聽看，是否有遺漏，在意外保障方面（指的是非因疾病的外來事故），我們要從小受傷，中受傷，大受傷和傷殘扶助金來防範，韶芳、妳現在每天騎摩托車上下班，對嗎？如果今天騎車不小心跌倒，會不會住院，我想不會，但我們可能會到醫院擦擦藥，打個破傷風就回家休息，這時，意外受傷的門診費用就會保障我們，一般而言，我們會規劃 5 ～ 10 萬的額度，因為若主要以防範意外門診為主，這樣的額度已經很夠用，但如果這個受傷比較嚴重，導致我們必須住院治療，那意外住院醫療就會保障我們，從一般病房，加護病房，手術費用，住院前後門診甚至是骨折未住院保險金，而若這個傷害更嚴重時，可能導致意外身故或是意外傷殘，此時意外險就會保護我們，讓我們的家人拿到一筆足以

安心的保險金，保障生活能持續，相當於我們還在工作所能產生的工作收入，若意外導致的重大傷殘，那意外險也會保障我們 11 級 79 項不同的傷害狀況，給付給我們 5%～100% 不同金額的保險金，讓我們身上有一筆錢，暫時不用擔心未來一段長的時間，無法工作所失去的薪資損失，當然我們也會擔心，若客戶發生這麼嚴重的意外事故，除了拿到一筆錢外，我們也應該讓客戶每個月的生活支出不要擔心，所以最後我們會搭配『意外傷殘扶助保險』，讓客戶除了有一筆意外保險金外，也讓客戶每個月有一筆金額生活之用，讓客戶有足夠的時間，重新適應生活，適應社會。

韶芳，妳想想看，有沒有任何意外事故跑出這四個範圍之外？應該沒有，因為我想很久，也沒有想到，所以當這四項意外狀況，我們都防範了，那意外的風險就阻隔在我們的人生之外。

加大防護範圍，在醫療險的規劃上，我們一定會幫客戶做『**終身醫療和定期醫療**』的搭配，我的客戶常問我，為什麼要搭配？不能只買終身醫療？或是只買定期醫療嗎？我說，其實怎麼買都可以，但我和韶芳說明為什麼要如此搭配，妳再決定如何做對妳最好。

定期醫療和終身醫療有三個地方不同，所以必須搭配才能保障客戶可能的疾病、意外風險。

第一個：**保障年期不同**，終身保障一輩子，定期保障一陣子，若只規劃定期醫療，到了續保終期時（一般為 75 歲），將失去醫療保障，而若只規劃終身醫療，則費用太高，客戶的負擔太重。

第二個：**給付項目不同**、一般來說，當我們因為疾病或意外住院時，大致上會有三筆費用的支出，第一筆是單人或雙人房的病房費的差額，第二筆是門診手術，住院手術的相關費用，第三筆則是除了住院時的醫療雜費支出(包含指示用藥，器材，檢查，掛號等相關費用)，在終身醫療裡，幾乎沒有放進醫療雜費的給付項目，原因是醫療雜費因為病症不同，住院長短不同，不易估算，即使放入了終身醫療的給付項目當中，若給付金額低，則沒有太大的實質幫助，若給付金額高，必定造成終身醫療的保費大幅提高，讓民眾的接受度降低，所以醫療雜費絕大部份都設計在定期醫療當中，若只有終身醫療，當發生高額的住院醫療費用時，終身醫療將幫不上忙。

第三個：**費率高低不同**，終身醫療像買房子，繳費 20 年後，終身保障，且為固定費率，所以費率較高，定期醫療像租房子，費率如同房租較低，但每一段時間（大多為 5 年、10 年）會依年齡不同而調整費率，每年繳費至續保終期為止，所以費率較低。

因為這三個原因，所以我們都會幫客戶『終身、定期』混合搭配，以達到，合理的保費支出，完善足額的保障內容。

　　除了終身醫療和定期醫療的搭配外，台灣癌症已連續 34 年為國人十大死因之首，在 2015 年台灣死亡人口 16 萬 3,574 人當中，就有 4 萬 6,829 人是因為癌症死亡，比率為 28.6%，也就是說每 3.5 個死亡人口中就有一人是因為癌症而死亡，因為醫療科技的進步，癌症或許可怕，但早期發現治療，也不再是一個完全無法治療的病症，但龐大的治療費用，絕對會造成一般人家庭的經濟負擔，甚至經濟的崩解，所以在醫療保障上，我們也一定會幫客戶做防癌險的規劃，如同醫療險一樣，防癌險也可分為『終身及定期』二種，它們的差異性如同上述提到的終身醫療、定期醫療一樣。

　　我常和客戶分享，我們因為防範各種人生風險的需要及因應目前健保實施的各項制度，尤其是 DRGs(同病同價)，所以在未來，我們的住院天數都會不如以往來的長，自費的項目也可能會增加，因此除了醫療險、防癌險外，一定要規劃『重大疾病或是特定傷病險』，目的是讓客戶萬一發生重大疾病或是特定傷病風險時，先能拿到一筆較大金額的保險金，讓客戶能安心的做後續的治療，而特定傷病險除了羅列法定規範的七項重大疾病外，也增加了許多項國人常見的疾病，例如：肝硬

化，猛爆性肝炎等 (依據你的商品內容，舉例幾項，讓客戶清楚了解即可)。

　　除了上述的規劃外，這幾年台灣不斷在推廣的『長期看護觀念』也是十分重要，**所謂的長期看護保險，指的是，當我們不需要住院治療時，卻需要他人協助生活起居的狀態，因為不需要住院治療，所以現行的醫療險都無法給付，但長期看護的花費，卻十分驚人，所以我們也把長期看護保險，比喻為是『醫療保障的最後一塊拼圖』**，也強烈建議客戶，尤其在 35 歲過後，一定要盡早把長期看護險補足，當然若能愈早規劃愈好，甚至是新生兒一出生就規劃，不僅保費相對便宜許多，更能有效拉長保障期，若沒有，也應於在 35 歲後盡快補強這塊醫療險都幫不上忙的保障缺口。

　　最後別忘了，我們能繳費規劃保險，大致上的原因是因為我們有工作，有收入，若今天發生重大或特定疾病，更甚至是嚴重的傷殘狀況時，可能導致我們一段長的時間無法工作獲取報酬，這時保費反而可能成為我們經濟上的負擔，所以在整張保單規劃完整後，一定要加上『豁免保費』的機制，讓保險中的保險能保護整張保單，當我們發生上述狀況時，能豁免整張保單的保費至主契約繳費期滿為止，主契約往往也是整張保單，保費支出最多的部份，當主契約期滿後，即使我們需要繼續繳交附約的保費，都已不會對我們造成太大的經濟負擔了。

四、人身風險保障，各部份規劃準則

1	2	3
壽險部份	**醫療險部份**	**意外險部份**
單身→年收入5倍 結婚→年收入10倍 ※最低為5年家庭 生活費 需加上負債	以目前住家所在地 醫學中心單人房差價 及每日薪資中斷 損失之合 ※薪資中斷損失以 勞保投保薪資為參考	最佳狀況為壽險保 障兩倍，最低為 1：1比例 ※避免造成六級以 上意外傷害時，能 獲的50%相當於壽 險保障！

　　在行銷的過程當中，不論是第一次和客戶討論規劃案，或是幫準客戶做現有保單的檢視，經常會遇到客戶會問的問題是？每次業務員叫我買保險，卻沒有告訴我，為何要買這樣的額度？多少額度的保障才適合我？

　　所以從業夥伴必須要能準確的告訴客戶各部份的規劃準則，當客戶充份了解時，就會減少當中的拒絕問題。

壽險規劃準則：

單身的規劃應為，年收入的 5 倍＋負債，而最低不可低於 5 年的生活費＋負債。

已婚的規劃應為，年收入的 10 倍＋負債，而最低不可低於 5 年的生活費＋負債。

需注意：年收入與生活費並不相同，以一個年收入 50 萬的客戶為例，不會把 50 萬都拿去生活支出，而一定會做比例上的分配，例如：50 萬當中，有 30 萬是生活支出，另外的 20 萬可能是做為儲蓄或投資，**一般來說，建議客戶以 136 的比例當作基本的配置準則，建立起預算概念，即 10% 為風險規劃，30% 為投資理財，60% 為生活所需**，這樣的配置如同一個國家每年會做的財政規劃，依據稅收，再合理分配到各種不同的項目上，例如：社福預算，基礎建設預算，教育預算，國防預算等等，而一個人也應該如此適當的分配自己的每月，每年所得，也唯有依比例做適當的配置，才能達到財務狀況健全。

PS：需注意，當月薪超過 8 萬以上者，136 的比例就會逐漸失真，因為一個月薪 8 萬的人，生活支出的比例原則上會小於 60%，而投資理財的比例會大於 30%。

生活費用 (含日常所需，房貸)50% ～ 60%。

功能性：支應現在～

投資理財 (含短中長期的儲蓄、投資配置)30% ～ 40%。

功能性：規劃未來～

風險規劃 (含醫療、意外規劃)10%。

功能性：防範未知～

　　這 10% 為何這麼重要，因為當風險發生時，這 10% 能保障現在的生活能繼續，未來的儲蓄投資能持續而不致因收入中斷而導致現在及未來中斷。

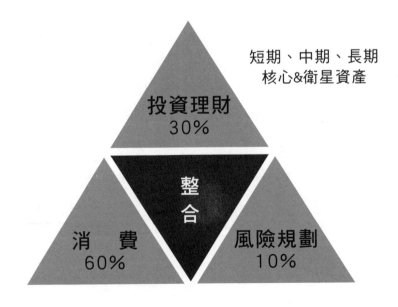

醫療險規劃準則：

以住家所在地的醫學中心單人房每日自費金額加上每日薪資損失之合。

民眾普遍相信醫學中心，若面臨疾病或意外時，往往第一時間往醫學中心跑，而若需住院治療時，單人房及雙人房的自費差額，通常所費不貲，再加上當生病，意外時，會立即導致支出增加而收入中斷，所以醫療險的保障額度的規劃，必須是單人房的差額再加上每日的薪資損失之合。

意外險規劃準則：

在意外險的規劃上，最佳的比例為壽險的二倍，最低不得低於 1：1 的比例，因為壽險理賠的範圍是疾病與意外的身故或全殘，而意外險則是意外所導致的死亡及殘廢，在現行的殘廢等級裡，理賠的比例為 5％ ～ 100％，**而為何意外險應為壽險的 2 倍，原因為、若保戶發生 6 級以上的殘廢時，極可能影響其工作獲取報酬的能力，而六級殘廢的理賠比例為 50％，正好等同壽險的保額，也才能有效的防護因六級以上無法工作所造成的經濟困境。**

例如：一個月薪 3 萬的社會新鮮人，單身無負債，每月生活支出為 1.5 萬元，住家所在地醫學中心單人房一日差額為 5,000 元。

壽險保障

最佳為：年收入之 5 倍、即 3 萬 ×12×5=180 萬。

最低為：年生活費 5 倍、即 1.5 萬 ×12×5=90 萬。

意外險保障

最佳應為：360 萬（壽險之 2 倍）。

最低應為：180 萬（等同壽險）。

醫療險保障為：

5,000元(單人房每日差額) + 1,000元(每日薪資)=6,000元。

五、不可不知的面談小細節：

一、用第三人稱，效果好很多

在與客戶的互動談當中，多引用第三人稱，可以有效降低客戶感受到的業務員個人主觀因素。

例如：我的朋友常問我，我的客戶告訴我，而少用、我告訴你，你知道嗎？你有聽過嗎？你這個觀念不對，你一定不清楚等具攻擊性的用語。

二、適度接話化解尷尬

在與客戶的互動問答當中，若詢問客戶問題，客戶在三秒內沒有回應時，一定要幫客戶接話，以避免場面的尷尬。

例如：妳覺得人生會有什麼風險？當客戶三秒沒有回應時，立即接話，其實就是死亡、意外、疾病三種風險對嗎？妳有沒有想到第四種風險？

適度的接話，其實也是一個互動的方式，一方面讓面談過程不致冷場，一方面在互動問話後接話，也會讓客戶在當下知道答案，建立起觀念。

三、正向問句，正向問答

在提問問題時，盡量讓客戶回答容易的是非題，且

必須是正向，並無法說不的引導設計。

例如：人一定會老，對嗎？如果遇到疾病、意外需要休養、住院時，我們都不會希望花到自己的錢，但卻想享有好的醫療品質，對嗎？如果這輩子，我們都要買一張終身醫療險，你一定希望它是最便宜的，對嗎？

四、我們二個字很好用

在面談當中，若提到不好的事，均以『我們』來引述，以降低客戶的不舒適感。

例如：如果我們有一天因為疾病或意外需要住院休養時，而不要用如果你有一天生病了，有一天你殘廢了。

如果當我們必須面對癌症的威脅及龐大的治療費用時，而不要用如果你得癌症了。

若一直用『你』會怎樣，『你』可能會，感覺和你談完後會出事，客戶的舒適感會降低。

五、對了，就切入

在和客戶進行正式面談時，前端總會用寒喧開始，但有時客戶談論其他話題，興高采烈時，業務員經常不知如何**自然的切入今天面談的主題，其實只要找到一個客戶話題的段落，切入主題前，就說『對了』。**

例如：在與客戶寒暄過程中，找到客戶說話的小段落，接在段落後，說、『對了』上次、你提到你想了解醫療保障的規劃方式，我今天有幫你準備相關的資訊和你分享，我們來看看。

六、第一眼印象

根據統計 55% 的人，會在 5 秒鐘之內對你留下最深刻的第一印象，而另外 45% 的人若沒對你留下深刻印象，未來再修正的機會只有 8%，所以業務員和客戶見面的第一印象很重要，那會決定接下來的時間，客戶是否願意真的繼續和你談下去，**而第一印象包括『外表、服裝、語調、人格特質』，尤其是『外表』，業務員的外表必須讓客戶感到簡潔俐落，身上的配件不宜過多，衣服最好是同一色系，避免客戶的視覺眼花瞭亂。**

七、準時很重要，選對地點、位置讓面談事半功倍

業務員一定要在和客戶見面前 10 分鐘到達約定地點，一方面能準時赴約，一方面能從容的準備好等一下要用的文件或是電腦檔案的開啟，並選定一個舒服、安靜的位子，而不要和客戶一同坐下來時，匆忙的找資料，開電腦，這樣會容易讓自己陷入一種慌張的情緒裡，很容易讓一個美好的面談，一開始效果就打折扣，在選擇面談地點時，以安靜舒服的地點為主，若是太吵雜的場地，彼此講話都必須用很大的力氣，效果定然不

好，而桌子選擇圓桌，慣用右手者，坐在客戶的右手邊，慣用左手者，則坐在客戶的左手邊，這樣在做說明時，我們的手就不會擋到客戶，並和客戶保持一個手臂的距離，最後別忘了，讓客戶的位子面對的是一個固定的牆面為佳，若客戶面對著門口、櫃台這些人群不斷移動的地方，客戶的視線會不斷的被干擾。

八、人不對不談，時間不對不談，地方不對不談

若人、時、地不適合，連談都不要談，因為不會有效果。

例如人不適合：和準客戶約定面談時間前，發現面談者不是決定者，像是購買孩子的保險時，掌握決定權的若不是爸爸，是媽媽，那就應該直接和媽媽對話，可和客戶說，我相信孩子的保障規劃，你和太太一定都很關心，是否方便約太太一同見面，一方面可充份了解你們夫妻對孩子規劃的想法，也讓你們回家後能充份討論最適合孩子的方案，也最節省你和太太的時間。

例如時間不適合：和客戶約下班後面談，見面時，卻發現客戶很疲累的表情和狀態，此時就應立即中止面談，並詢問後建議客戶更改為另一個時間，讓客戶回家休息，想想？若你是客戶，你是否也會覺得業務員很貼心。

　　例如地點不適合：和客戶約定的地點，到了之後卻發覺地點不適合，像是太吵、太擁擠、都應馬上尋找另一個適合的地點，所以業務員提早到地點為何這麼重要，這也是其中一個原因。

九、客戶的回答，均先給予了解，才能建立起信任、認同感

　　沒有人喜歡被否定，和客戶的對話當中，難免會有觀念上的差距，想法不同的時候，**不論客戶提出什麼觀點或想法，永遠記得，先微笑點頭表示了解客戶的意思和感受，再從對話當中，和客戶溝通觀念**，客戶的接受度會提高，但若是直接反駁客戶的話或觀點，即使客戶知道你說的有道理，也會因為當下不好的感受，演變成為，為反對而反對，二方容易僵持不下而讓面談的氣氛凝結，客戶不但不悅，業務員更達不到想傳達正確觀念給客戶的目的，更別說成交保單，所以記得，把面子留給客戶，裡子留給自己。

　　例如：當客戶說，保險都是騙人的，買的時候都說的好聽，賠的時候，就二個不賠，這個不賠，那個不賠，業務員在聽到後，可以這樣回答，我了解你的意思，在實務上，的確發生過許多案例，客戶發生疾病事故時，保險公司拒絕理賠，但事後去了解，才發現原來這個客戶當初買的是意外險，而沒有規劃醫療保險，所以在發

生疾病時，當然就沒有在保障範圍之內，所以客戶在規劃保單時，**一定要注意保單的規劃是否符合『完整性、足額性、細目性』三大面向**，並請業務員仔細的說明每一個險種的保障範圍及給付項目讓客戶充份了解，就不會出現你剛剛提到的理賠糾紛，認知落差。

第三章

醫療險行銷流程

觀念開場：醫療保險，理財最根本。

◎第一段

　　全民健保已經很好，為什麼需要買個人商業保險？

◎第二段

　　DRGs 如何影響你我的就醫品質？

◎第三段

　　醫療品質到底多少才夠？

◎第四段

　　癌症進逼每一個人

◎第五段

　　弄懂這張圖，你就懂保險

◎第六段

　　二擇一，選出客戶的最愛，留下伏筆

◎第七段

　　延伸成交的力道，擴大接觸面，客戶源源不絕

前言：

醫療險是一般人最普遍會先規劃的險種，大致上是因為絕大多數的民眾都了解，社會保險只能提供基礎的防護，當自己面臨醫療照護時，希望有更好的品質，就需要靠個人的商業保險來補足，若你問我醫療險幾乎人人都有了，還有空間嗎？

我會告訴你，醫療險的空間無限大，原因有三：

第一、醫療品質隨著時間愈來愈昂貴，所以每一個即使規劃過醫療險，也不可能永遠不調整，**事實上，保險具有循環再生性的特性，醫療險應該隨著年齡，收入，現行的醫療水準做調整，時間一般是 5 年左右，也就說是每一個人，每 5 年都有再提高，加購醫療險的需求和空間**，而業務員最起碼，每 5 年也該為舊客戶提供保單檢視的服務，幫客戶重新複習當初的保單及提醒現階段可能的差異性。

第二、隨著人口結構的變化，社會從以往的大家族到現在的小家庭，從以往生養 4 ～ 6 個子女，到現在**平均生育率只有 1 上下，都加深了每一個人去思考，未來年老需要照顧時，不再有子女可以照料，而是必須有足夠的醫療費用來支撐好的醫療品質，所以一份完善，足額的醫療規劃，相當是養了一個一定會照顧自己的孩**子。

第三、隨著不同世代及醫療科技的進步，許多過去的險種，並沒有考量到現在的醫療需求，例如：重大疾病，擴增為更多項目的特定傷病，或是防癌險過去給付的項目不多，或許只有罹患、門診、手術、身故金等基本項目，現在的防癌險給付項目也擴增了化學治療、放射線治療、義肢、義齒、骨髓移植、乳房重建等等。

談行銷，**觀念為上，商品其次，價格最後**，建立起客戶的觀念，讓客戶有購買的意願是最重要的，所以在醫療險的行銷過程中，必須不斷透過互動、精準的數字來建立觀念，挖深需求，讓客戶逐漸的產生急迫性，最後提供解決方案，才能自然、順利的締結。

接下來我們由開場破題進行的各個階段引導，目的除了建立觀念外，也在過程中無形解決客戶可能的各種拒絕問題，想想，在行銷的過程當中，客戶是否不經意的不斷提出拒絕問題，而通常這樣的拒絕問題分為二種，一種是客戶真正想了解或是觀念上的問題，另一種是假性問題，目的單純只是為了拒絕，而業務員經常疲於解決應付，資淺的業務員甚至在過程中，因為客戶一個拒絕問題而被拉著跑，失去了面談的主軸，主客易位的結果，就是今天的面談草草結束，客戶通常只留下一句，我回去想想，想當然爾，客戶回去想的不是要規劃那個方案，而是要如何找個理由來拒絕業務員。

　　所以在接下來的醫療行銷流程當中，用健康保險理財最根本來開場破題，改變客戶對醫療保險的定義，建立觀念，讓客戶認同醫療保險是理財的第一要務，是用來保障所有的理財計劃，就能解決不需要的問題。

　　第一段：全民健保已經很好，為什麼需要買個人商業保險，是在透過健保四大缺口的說明，**解決健保就夠用的問題**。

　　第二段：DRGs 是在告訴客戶健保制度的變革及我們每一個人現在和未來都要面對的醫療品質問題，來**解決保險買基本就好的問題**。

　　第三段：醫療品質多少才夠的部份，則是建立起客戶在規劃保險，必須要有足夠日額的觀念，才能在風險發生時，提供足額的保障，因而在業務員說明企劃案時，客戶就能自然的接受足額的醫療規劃，**解決日額不用這麼高的問題**。

　　第四段：癌症進逼每個人，則是透過精準的數字，讓客戶了解罹癌的高風險比例，龐大的自費金額及藥品極可能拖垮家庭經濟，來**解決癌症險不用買或買一些就好的問題**。

　　第五段：弄懂這張圖，你就懂保險，是在準備進入企劃案前，建立起全險觀念，並傳達各種風險分類及每

一個險種的防護範圍，並呼應企劃案中的每一個險種設計的必要性，讓客戶清楚知道，業務員所規劃的內容，考量了所有可能的風險範圍，用以**解決客戶在企劃案中，經常刪除險種，以節省預算的問題**。

第六段：二擇一、選出客戶的最愛，在這一段裡，我們運用銷售心理學的二擇一法則，讓客戶有選擇卻不複雜，一般來說，只給客戶一個選擇，客戶會說 yes 或 no，給客戶三個選擇，客戶將會陷入思考，無法決定，最好的方式是給客戶二個選擇，客戶通常會選其中一個，而且在前後順序的排列說明上，切記把預算高的放在第一位，預算低的放在第二位，透過高低價差，讓客戶便於選擇，來**解決締結不易的問題**。

第七段：延伸成交的力道、擴大接觸面、客戶源源不絕，用這一段結尾的目的有二個，第一用來當客戶在聽完業務員說明卻思考無法當下決定時，加大激勵促成的力道，第二是用來當客戶已締結後，用以延伸客戶身邊族群以達到轉介紹的效果，用以**解決無法締結及締結後無法延伸客群的問題**。

一年前，在上海的一場演講當中，有學員問到，景杰老師，你們都怎麼訓練和學習，客戶的拒絕問題處理？我說我個人幾乎不處理拒絕問題？他好奇的問為什麼？

　　我說：先想想、客戶為何會拒絕？拒絕問題會出現在那一個環節？經驗告訴我，**如果一個行銷的面談下來，客戶出現超過三個以上的拒絕問題時，我認為這個案子的締結機率就很低了，因為拒絕與拒絕處理的過程，本身就是一種對立，是彼此想要說服對方的一種情境，**這樣的情境，一旦處理不當，有時甚至會爭執到面紅耳赤，另一個面向，若是業務員在面談的過程中，須要不斷的處理客戶的拒絕問題，那這個業務員和面談過程，本身就是一個很大的問題，與其消極的處理拒絕問題，為何不讓拒絕問題根本不要產生，**讓拒絕問題不要產生的根本，就是面談客戶的過程中，客戶不斷的認同業務員協助建立的觀念及充份了解業務員所提供的訊息，問題沒有產生，自然沒有解決的必要，**如同預防勝於治療的觀念，一個好的行銷系統，是在面談的同時，自然巧妙的解決了絕大部份的可能拒絕，以達到順利締結的目的。

　　這也是我建立這套系統最大的目的，讓業務員有所依循，循序漸進的執行面談步驟，讓面談是有邏輯的，也帶有溫度的，自然能大大提高締結的機率。

觀念開場：醫療保險，理財最根本。

建立觀念為先：以理財話題開頭，切入保險才是理財的根本基礎，沒有把保險規劃好，任何的理財都可能是白忙一場。

開場：景杰，我請問你，你在多少銀行有開過帳戶？好多個、對嗎。你為什麼有這麼多的帳戶，是不是因為我們對於每一個帳戶都有它不同的用途，像是有的帳戶是每月的薪資轉入，用以支付日常生活費用的，有的帳戶是每月支付房貸用的，有的帳戶是儲蓄子女的教育金，有的帳戶是存我們的年度旅遊金，甚至有一個帳戶是我們未來退休要用的，而我們開立這麼多帳戶，每一個都有它的目的和功能性，那景杰、你這麼多個帳戶，有沒有準備一個帳戶，是如果有一天我們生病了，意外受傷了，需要住院治療休養一陣子時，可以用來支付的醫療費用的帳戶呢？

你一定發現，我們沒有這個帳戶，對嗎？萬一如果有一天，我們因為疾病或意外，需要支付醫療費用時，你會動用那個帳戶的支付，是房貸不要繳了，孩子不要唸書了，還是把年度的旅遊計劃取消，我想如果可以選擇、你一定都不想，對嗎？

所以我常和朋友分享這個想法，其實醫療保險並不

只是一個單純風險規劃為目的，**應該說，醫療保障是理財的一環，也是理財的根本，因為只有把人生可能遭遇的風險先規劃、轉移後，我們其他的理財帳戶才能發揮它原本該有的功能性，你說對嗎？**

過去常有人問我，**什麼是保險，我說：保險就是，每個月支付一筆你可以接受的預算，去預防不知道何時會發生的巨大經濟風險。**

且根據衛福部的統計，以目前男性平均餘命 76 歲，女性 83 歲估計，男性一輩子需要支出 216 萬的醫療費用，女性則是 234 萬，若四口之家，就需要支應將近千萬的醫療費用，而我們有準備這筆錢嗎？

若沒有，我們有一個最好的選擇，就是透過商業保險轉嫁我們人生中的醫療風險，讓風險在一個可控的範圍內，而不要讓風險來臨時，打亂我們人生的步調，規劃好完善的保險，也正是防止我們的人生被改變最好的方式。

◎第一段
全民健保已經很好，為什麼需要買個人商業保險？

我的客戶常問我，已經有全民健保，應該夠了，為何還需去規劃個人的商業保險，其實健保在 1995 年開辦至今，的確照顧了絕大多數民眾的就醫問題，但即使健保很好，依然有四大缺口，是我們要注意的。

第一個是病房費的差額，當我們就醫需要住院時，不論做任何的治療，唯一省不了的是住院費用，醫院當下都會詢問我們是要等健保房或是自費差額住雙人或單人房，而為什麼健保房要等，原因是健保房不需自付差額，所以在大都會區，健保房經常是 100% 滿房，但這時身體的不舒適可以等嗎？

在過往，我們一定有到過醫院探望朋友或家人的經驗，通常經過急診室的時候，也一定都會看見許多病床排列在走道的兩旁，為什麼呢？就是在等健保房。

想想、是住三人一室的健保房品質好，還是一人一間的單人房好，住健保房時，若同房的伯伯咳嗽，或是同房的奶奶不舒服伸吟時，我們能請人家小聲點嗎？住在健保房時，若我們的家人來全日照顧、陪伴時，晚上家人要在那休息？這樣的品質你覺好嗎？

除了上述原因外，住單人房最大的原因是為了避免

交叉感染，在醫院都是病人，身體也都處於抵抗力弱的狀況下，單純的休息環境，對需要療養的人來說，絕對是最重要的，當然也有客戶告訴我，沒關係，我若生病時，住健保房就好，我可以等，我想，**購買保險的目的，並不是要改變你的決定，而是讓我們真的得要面對時，讓自己和家人有得選擇，不是嗎？**

第二：**新藥不普及**，且一開始往往被列為不給付項目，使得病患得自費購買，在醫療科技愈來愈發達的同時，隨著新藥的研發，都讓過去許多的病症得以治療，我們也經常聽到醫師告訴我們，這個新藥比較好，可以降低副作用，避免併發症，可是要自費，甚至有原廠藥和學名藥的分別，在癌症的治療上，這幾年也有許多的標靶藥物的問世，讓癌症病人可以針對癌症腫瘤做治療，不要同時傷害了正常的細胞，讓病人得到更好的治療效果，但卻往往都有給付的限制，有時非得到了後期或末期，才得以得到給付，但想想、若我們自己或家人面對這個疾病威脅時、我們知道有更有效的藥物，會選擇自費治療，還是拖到後期，健保給付時，才治療，我想，我們會選擇前者，這再一次讓客戶了解，購買保險，不是讓風險不發生，而是發生風險時，讓自己有選擇權。

第三：**新科技不給付**，許多病症隨著醫療科學的進步，都有許多新型的醫材和療法，例如：一支新型的心臟支架要價 8 ～ 12 萬，治療白內障、近視的人工水晶體，一對索價 12 萬，而隨著年紀漸長，當膝關節退化，需要置換人工膝關節時，一套動輒 13 萬，這些都被排除在健保的給付範圍之外，我想、沒有人會否認一個人終其一生不需要面對疾病、老化的問題，更別提意想不到的意外事故，我們更清楚我們擔心的不是一次看門診 500 元，而是一次若需支付 20 萬、50 萬，對我們家庭經濟造成的立即性負擔。

第四：**薪水損失不給付，當一個人因疾病、意外必須住院治療時，有二件事同時會發生，第一件是收入立即中斷，第二件是支出開始大幅增加**，在治療的過程中，即使社會保險能支付絕大多數的醫療費用，卻也無法支付我們原本的工作所得，及家人請假照顧的薪資損失，尤其是無生活自理能力的孩童住院時，一定有一個成年人整日照顧，這時父母請假照顧的薪資損失，是無法從健保中得到補償的，若此時有完善、足額的商業保險，不僅不需擔心醫療費用，甚至理賠金超出醫療費用的部份，還能當作父母或家人請假期間的薪資補貼。

◎第二段
DRGs 如何影響你我的就醫品質？

　　在健保的醫療體制下，提供了基本的醫療照護給每一個民眾，**但每一個社會保險的永續經營，最重要的就是收支平衡，過程就必須開源節流，開源就是健保費率的不斷調整及補充保費的開徵，節流就是從總額給付制到現在的 DRGs(診斷關連群)，俗稱同病同價，**尤其是 DRGs 對我們將造成什麼樣的影響，對病人來說，可能淪為人球，自費項目增加，未痊癒即必須出院，對醫院、醫師來說，複雜的疾病不看，針對主要病症做檢查及縮短病人的住院時間， DRGs 在美國行之有年，為的就是有效的控制預算，但在這個制度之下，並未能全面考量每個人的病情和復原狀況的不同，難免造成病患在醫療上的不完整，這時還是必須靠個人商業保險來保障自己。

　　分享一個實際的案例，大家就可清楚的知道 DRGs 對我們的影響有多大。

　　那是發生在 102 年 10 月 19 日，一位水電技師，在下班後，幫忙更換飯店宴會廳的燈泡，在更換的同時，A 字梯突然滑動，技師由高處直接向下跌落，並緊急送至醫院急診治療，到了醫院，經醫師診斷為 『右踝遠端脛骨粉碎性骨折及左腳跟骨骨折』，必須立即施以手

術治療，醫院告知他，手術中使用的鈦合金骨板必須自費 10 萬元，治療後 7 天，因著現行的健保制度，醫院要求病患出院返家休養，但一個剛動完手術，連起床、行走都無法自理的人，如何返家，後續家人的照料，換藥，復健都是問題，因而第 8 天起，開始『全自費』住院，合計住院共 73 天，其中 66 天為自費住院，總自付金額為 288,778 元，至今復健時間超過 2 年，更別提無法工作時，產生的薪資損失，這就是 DRGs 的制度下，對每一個人都會造成的影響，包含『未痊癒提早出院，自費項目大幅增加等等』。

◎第三段

醫療品質到底多少才夠？

　　常常客戶都有一樣的疑問，我知道人一定會生病，也認同全民健保只能提供基礎的醫療照護，也知道個人商業保險是重要的，但到底到買多少額度才夠？而夠與不夠，不是業務員憑空說一個數字給客戶，這個數字應該是有所依據的，有原因的，也能讓客戶充份了解、欣然接受的，這時就必須要參考目前現行的醫療品質及薪資水準，一般而言，我們都會建議客戶，**每一天的住院日額一定要以住家所在地的『醫學中心』單人房及每一天的薪資損失做為每日醫療品質的參考標準。**

　　因為當生病或受傷時，一般人對於醫學中心的信任度還是遠大於一般地區醫院或診所，想想若家人有狀況，你會想送到大醫院還是小診所，就可見一斑，且當疾病及意外發生時，有二件事會同時發生，第一、收入立即中斷，第二、支出馬上增加，所以每一個人所需要的醫療品質除了單人房的費用外，還要加上每一天的薪資損失，因為我們的日常支出，並不會因為我們收入中斷而跟著不用繳付，而業務員在說明和建議後，有些客戶會說，我不用規劃這麼高，基本的就好，若我真的住院時，我住健保房就好，不用住到雙人或單人房，更甚至有極端的客戶會說，如果我很嚴重，我會自行了斷，

不會拖累家人，老實說，我並不知道對方要如何自我了斷，雖然我很佩服他當下的勇氣，因為我應該做不到，但我會這樣回答對方，我想，如果有一天我們要為自己規劃一份醫療意外保障，既然付了保費了，會不會希望在發生任何狀況時，能完全的轉移經濟風險，不要花到自己的錢，更不要因為自己，讓家庭的經濟崩解，另一方面、**為自己規劃了一份『完整、足額』的醫療保障的目的，有時並不是要你一定要做什麼，或不做什麼，而是讓自己在任何狀況發生時，多一選擇，一個機會**，不要讓家人來幫我們做難以抉擇的事，更不會讓家人為了無法預估的醫療費用而傷神，即使我們有足夠的醫療保障，我們依然可以選擇住健保病房，依然可以選擇一般的醫療品質，把多餘的理賠，拿來做其他的用途，但若住院時，只有單人房，若治療時，只有一種自費藥物有效，起碼我們讓自己有的選擇，對嗎？

最後、醫療保障規劃必須評估的是，若當下風險就發生，這份保單是否能給我們足額的保障，因為我們永遠不知道『疾病、風險』何時會找上我們。

◎第四段
癌症進逼每一個人

　　讓數字說話，看看幾個數字，就會知道，每一個人都無法忽視癌症對我們及家人造成的威脅，第一：連續34年名列十大死因之首，第二：每 5 分 32 秒一人罹患癌症，比起 10 年前 (2002 年) 的 8 分 15 秒，足足快了 2 分 43 秒，速度超乎我們的想像，第三：平均 11 分 13 秒有一個人因為癌症而死亡，癌症的死亡率佔全體的 28.6%，也就是說，每四個死亡人口中，超過一個人是因為癌症而離開。

　　台大醫院腫瘤部林宗哲主任說：60 ～ 80 歲，為罹癌的機率高峰期，而 65 ～ 70 歲為所有癌症的年齡中位數，也就是說，幾乎沒有人這一輩子不需要面對癌症的威脅，雖然人人聞癌色變，但因為醫療科技的進步，癌症早已不再是絕症。但罹癌後需要長期的治療卻是無法避免，長期治療帶來的就是龐大的醫療費用支出，尤其是現階段對於治療癌症效果好，相對副作用少的『標靶藥物』每一個療程都所費不貲，動則數十萬到數百萬，對家庭經濟會造成立即性的影響，在健保制度下，有些藥物必須等到不同階段時才能獲得健保支付使用，試想、如果一個對我們或家人有效的藥品，我們會不會希望在一開始的時候就使用，提高治癒率，早點康復，若

會，我們是否極可能在健保不給付的狀況下，自費購買昂貴的藥品呢？

　　若是，我們就得思考自己是否有足額、完善的商業保險來幫忙，有人說，世界上最貴的床是『病床』，而且是一張我們一定得付錢的床。

◎第五段
弄懂這張圖，你就懂保險

　　從第一段～第四段，都在不斷的建立客戶對醫療保險規劃的觀念與重要性，而第五段開始，就是要進入提呈建議的部份，我們在第二章節裡，已先提到『保險圖像化，以全險圖建立客戶保障規劃觀念』的說明步驟，在這一段時，就會派上用場，而在說明全險圖時，也必須同時搭配業務員為客戶設計的建議書險種總表，最主要的目的，是在說明完整保單圖時，同時延伸至建議書，相互對照，讓客戶清楚知道，我們為他規劃的醫療保障，完全符合規劃設計的三原則之一的『保障險種完整性』，這個部份極其重要，**當客戶清楚了解，人生可能面對的各種風險，及每一個險種對應的狀況時，就幾乎可以避免客戶在最後締結時，自行想要刪除某些險種的機率，讓業務員所提供的方案，能發揮當時設定時的保障效果。**

以下為全險圖與規劃險種總表對應的排列範例：

所以當進入到第五段時，就以右側的全險圖為開場（參考第二章，第三段），再對照左側的險種明細。

醫療險建議書險種明細範例	
序號	險種名稱
1	傷害醫療保險給付附約
2	意外傷害住院醫療定額給付附約
3	意外保險附約
4	意外傷害一至六級傷殘補償保險附約
5	終身醫療保險
6	住院醫療限額給付保險附約
7	癌症定期醫療保險附約
8	特定傷病終身保險附約
9	豁免保費附約

一張完整的保單涵蓋下列組合，那您的呢？

6 **定期醫療**
- 一般/加護病房費
- 門診/住院手術費
- 雜費
- 實支實付or定額給付

5

意外身故與殘廢 **3**
- 一般/加護病房費
- 門診/住院手術費
- 雜費
- 實支實付or定額給付

終身醫療
- 一般/加護病房費
- 門診/住院手術費

7

2 **意外住院/骨折**
- 一般/加護病房費
- 骨折金
- 住院門診&手術費

定期/終身防癌
- 癌症長期治療

8

1

意外醫療
- 門診/住院醫療費用

重大疾病/特定傷病
- 龐大的醫療支出

健康險
疾病或意外
所致之醫療

意外險
非因疾病之
外來因素

豁免
保費

意外失能
- 薪資補償

長期看護
- 長期的生活療養

9

壽險
疾病或意外造成的
身故或全殘

4

1~6級殘廢補償
- 薪資補償

投資型
- **前收型**
  - 高額保障
  - 長期投資
- **後收型**
  - 高額保障
  - 中長期投資
- **年金**
  - 長期退休金

★高額保障
★保險理財雙效合一
★保額、保費自由調
★年期自由選
★基金帳戶自由運用

分紅保單
- **美式分紅**
  - 領現、儲存生息、
    抵繳保費、增購保額
- **英式分紅**
  - 保額分紅

★保障、固定收益及紅利分享
★保額增值，抵抗通膨
★成為保險公司股東
★利上滾利，複利增值

保障型
- **終身**
  - 家庭生活費
  - 全殘療養費
- **定期**
  - 房貸期間
  - 子女成長期

儲蓄型
- **前面領**
  - 子女教育金
  - 海外旅遊金
- **中間領**
  - 留學、成家金
  - 創業、退休金
- **後面領(期滿領)**
  - 退休金

一份**完整的風險規劃必須涵蓋上列各項，**
現在您還會認為隨便買，
一份連自己都不了解的保單，
能給你和家人一份**無後顧之憂的承諾與保障**嗎？

示範演練：

　　景杰，我們透過完整保單圖，說明完一份完善的保單應該如何規劃後，我們再來看看，我們為你規劃的醫療保障內容，是否符合我們剛提到的完善保障，你會發現，在意外保障方面，我們把『小受傷（1號）、中受傷（2號）、大受傷（3號）』和傷殘扶助金（4號）都規劃進去了。

　　所以在意外風險的部份，我們已全都規劃進去，再看看醫療保障的部份，我們以『終身醫療險（5號）為主約，搭配定期醫療險（6號），以做到足額的醫療保障，並加上定期防癌險（7號）加強癌症防護，與一次給付的終身特定傷病險（8號），最後附加上豁免附約（9號），所以在醫療保障的部份，也全數將可能的風險規劃進去，形成一個完善的意外、醫療防護機制。未來若因為醫療品質愈來愈昂貴，我們也可以以此規劃為基底，再予以增加保障額度即可。

　　備註：在這一段範例中，僅以醫療及意外險為示範，因壽險及長期看護險在市面上，幾乎都能以主約出單，因而將其區隔，在後面的章節，即會有『長期看護險』及『壽險』為主軸的規劃說明。

◎第六段

二擇一，選出客戶的最愛，留下伏筆

　　從開場到第五段的每個階段性觀念溝通及引導後，只要依循各步驟，一步一步走，客戶在這個階段應已沒有反對問題，如果有，那絕對是前面的步驟沒有做到位，得要讓自己不斷的重複練習，就能熟能生巧，巧生法門。

　　接下來要做的是如何『自然的締結』，這也是最重要的一個關鍵環節，**因為不管任何再精采的面談或是多麼高超的業務技巧，只要客戶沒有簽約，就代表他最後沒有接受業務員的建議，當結果不好時，整個過程都會變成不好。**

　　在銷售的過程當中，我們經常會發現有許多新進夥伴在最後關頭無法開口要求客戶簽下名，締結這一份能解決客戶所擔心問題的合約，因為怎麼說就是覺得不自然，無法開口要求，而這張總表就是用來解決這件事情的秘密武器，讓業務員和客戶都能在很自然、舒服的狀況下簽下合約。

　　客戶最後沒有成交的原因，除了『不急、不需要、不信任、沒幫助』之外，我認為還有一個關鍵因素，就是『沒聽懂』，當客戶沒聽懂時，他如何做決定？想

當然爾，就是要回去想想，而回去想想，會想出結果來嗎？通常不會，即使會，也必須是在業務員解說當下，客戶真正聽懂了，才有可能在事後做出決定，但要注意，在決定性面談結束後，若當下無法立即締結，接下來的一周內一定必須想辦法結案，時間愈久，溫度愈冷，締結的機率就愈低，而這一周要做的就是『保溫和跟催』的動作，如何做『保溫和跟催』的動作，我們在後續的部份，再和大家做說明。

這個階段，我們要用一張總表來做輔助說明，讓客戶能透過一張總表，將繁複的內容，變的精簡又不失完整，讓客戶在一個目光的範圍裡，了解業務員想表達的細節和內容。

為何要這樣做？想想，一個專業的從業人員，要經過多久的時間訓練，才能對商品了解，對規劃通透，我想起碼要數月訓練，甚至數年的經驗累積，但客戶卻可能必須要在短短的一個多小時的面談裡了解所有，然後做出決定，你想、容易嗎？

所以我們的工作之一，是把專業留給自己，把簡單留給客戶，我們的專業是把複雜的事，變的簡單，並讓客戶充份了解他所購買的內容和能為他解決的事，進而做出決定。

下圖為醫療、意外保障規劃總表說明示範圖例，也是面談後締結的關鍵：我們在這一段示範如何自然有效的締結合約。

平安小姐『醫療保障&意外防護計劃』人身保障一覽總表	
計劃類別	醫療&意外風險計劃
計劃別	**保障計劃一『保障足額完整性』**
險種明細	還本型終身醫療 10 ＋終身特定傷病 18 項 6 萬元 75@ 定期醫療 6 ＋ 75@ 定期住院日額 1,000 元＋ 105@ 定期防癌 12 意外險 300 萬＋意外傷害住院＋意外醫療＋傷殘補助＋豁免附約
功能性	1. 防範疾病造成的家人必須照顧而請假暫停工作收入的問題！ 2. 防範意外造成的家人必須照顧而請假暫停工作收入的問題！ 3. 防範失能造成的家人必須照顧而請假暫停工作收入的問題！
支應費用	41,177 元 / 年、3,624 元 / 月
年較月節省	2,311 元 / 年
保障效益	疾病：5,000 元 / 日　加護：11,000 元 / 日 意外：7,000 元 / 日　加護：15,000 元 / 日 癌症：11,000 元 / 日　加護：17,000 元 / 日 重大疾病&特定傷病 18 項：30 萬元 一般身故：已繳還本型終身醫療保費 ×106%- 理賠金 意外身故：300 萬＋一般身故金 殘廢給付：15 萬～ 300 萬 一～六級殘廢扶助金：30 萬～ 15 萬給付十年
備註	1. 搭配還本型終身醫療 10，含 6 項終身給付，給付的額度較為足夠。 2. 暫時未規劃『壽險保障』，建議預算增加時，可用投資型保單規劃壽險保障，可同時兼顧家庭責任及累積人生的另一桶金。

平安小姐『醫療保障＆意外防護計劃』人身保障一覽總表	
計劃 類別	醫療＆意外風險計劃
計劃別	**保障計劃二『著重於足額性＆預算控制』**
險種 明細	還本型終身醫療 5 ＋定期特定傷病 28 項 30 萬元 75@ 定期醫療 6 ＋ 75@ 定期住院日額 1,500 元＋ 105@ 定期防癌 12 意外險 300 萬＋意外傷害住院＋意外醫療＋傷殘補助＋豁免附約
功能性	1. 防範疾病造成的家人必須照顧而請假暫停工作收入的問題！ 2. 防範意外造成的家人必須照顧而請假暫停工作收入的問題！ 3. 防範失能造成的家人必須照顧而請假暫停工作收入的問題！
支應 費用	33,251 元／年、2,927 元／月
年較月 節省	1,873 元／年
保障 效益	疾病：5,000 元／日　加護：10,500 元／日 意外：7,000 元／日　加護：14,500 元／日 癌症：11,000 元／日　加護：16,500 元／日 重大疾病＆特定傷病 28 項：30 萬元 一般身故：已繳還本型終身醫療保費 ×106%- 理賠金 意外身故：300 萬＋一般身故金 殘廢給付：15 萬～ 300 萬 一～六級殘廢扶助金：30 萬～ 15 萬給付十年
備註	1. 先降低終身醫療保障額度，提高定期醫療額度，以補強防護額度， 　但可有效控制預算支出，待預算更充足時，建議再提高終身醫療 　保障額度。 2. 暫時未規劃『壽險保障』，建議預算增加時，可用投資型保單規 　劃壽險保障，可同時兼顧家庭責任及累積人生的另一桶金。

首先我們先拆解這張輔助總表的設計結構和說明每個小細節在未來能延伸的話題和留下的伏筆，再來做演練示範～

一、**計劃別**：分為計劃一及計劃二，**在給客戶的企劃案中，成功率最高的就是二擇一，客戶通常會選擇其中一種**，但若只給客戶一種選擇，那你可能會得到50%，NO 的機會，若給客戶三種選擇，那客戶往往因為選擇過多而無法決定，也就無法達到締結的效果，所以永遠給客戶二擇一的選擇就對了。

二、**險種明細**：用不同顏色及行列排列的方式，巧妙的呈現出不同屬性的險種，例如可以用紫色來代表終身險，藍色代表定期醫療險，綠色代表意外險，就可讓客戶清楚分辨規劃的內容，並將計劃一、計劃二的**險種規劃差異性用『反白』來標示，這樣的效果是能讓客戶聚焦在規劃『差異性』上，減少縮小客戶考慮的範圍，自然也較容易成交。**

三、**功能性**：再一次強調客戶及家人可能面對的問題，及企劃案可以提供的防護與保障，再次強化客戶購買的意願及決心。

四、**支應費用**：除了依照客戶的需求及預算，在範圍內做計劃外，在計劃案預算的呈現上，有幾點需要注意，第一：二個不同的計劃預算必須要能有明顯的差異性，才能達到差異化的效果，例如：計劃一為 41,177 元，計劃二為 33,251 元，就是明顯的預算差異，若計劃一為 41,177 元，計劃二為 40,128，那就不算是差異化，客戶也會無法很快的決定選擇。第二：**企劃案擺放的準則是，將預算高的放在前面，預算較低的放在後面，這是銷售心理學，當人們看到第一個預算時，心裡就會有定價效應**，認為這是個大致上規劃的價格預算，心裡也就有準備，再看到第二個較低的預算時，就會覺得出乎意外的划算，當下心中就比較容易產生購買心理準備，但若反著放，將預算低的放前面，預算高的放後面，那效果就將大打折扣，客戶當下想法就可能是準備拒絕，而經驗告訴我們，以前高後低的方式呈現計劃，在 10 個人當中，大致上有 6 個人會選預算較低的計劃二 (預算控制者，著重預算支出)，4 個人選擇預算較高的計劃一 (預算充足者，且重視保障效果)，但以這樣的方式呈現，則是幾乎 100% 的成交率，永遠要記得，當客戶成為你的客戶時，未來你才有機會，提供更多的資訊的客戶，當然也包含了正確觀念的建立。

五、**年較月節省**：這個部份則是讓客戶清楚明白月、季、半、年繳中間，分別有 5.6%、4.8%、4% 的差額，也方便建議客戶在預算許可的狀況下，選擇對自己最有利的繳費方式，當然絕大多數預算沒問題的客戶會選擇年繳的方式，這裡要提醒大家，務必站在客戶的立場，評估客戶的經濟狀況來建議客戶的繳費選擇，若客戶為社會新鮮人，剛出社會，若沒有存款，則月繳是最輕鬆適合的，若客戶有能力，那當然年繳是最節省保費的，各有各的優點，讓客戶清楚後，由客戶來選擇，千萬別引導客戶用借貸的方式來繳保費，這樣非但對客戶無利，這個保單的持續力也容易出現問題，總而言之，保費的支出，千萬別超出客戶的經濟能力，別讓保費成為一種負擔。

六、**保障效益**：清楚的羅列保障計劃內的大項目，讓客戶清楚大方向，再搭配建議書的內容，逐一詳細說明保障細項。**有時客戶其實並不想聽業務員長篇大論，他們有時只想知道，他們花的錢能得到什麼保障**，這張表就是把客戶想知道的都放了進去，別忘了，客戶必須聽懂了，才能做出購買的決定。而這張保障效益表也運用了反白來突顯二個計劃案的差異性，縮小客戶的考慮範圍，提高締結的機率。

七、**備註**：準備提出結案要求的前奏，為的是讓客戶再次知道規劃案對他的重要性，和讓客戶做好簽約的心理準備，第一、再次提醒計劃案的優點、特色，第二：提醒客戶計劃案需要注意的事項，以計劃二的備註為例：就提醒了客戶，為了有效的控制預算，所以我們在計劃二先降低了終身險的配置，提高定期險的比重，在維持保障的足額性下，卻能有效的降低費用支出，並埋下未來預算增加時，優先補強終身險的建議，通常在三～五年後，當客戶的經濟能力提昇時，再提醒當時的建議，通常都能很自然的被接受，不需要再重新跑一次銷售流程，另外在規劃中，備註了尚未規劃壽險保障，所以一樣當客戶經濟能力提昇時，或是家庭狀況、成員、責任改變時，都可以再提醒當時的建議，做為下一個規劃的伏筆，這樣的配置做法，等於是談一個案子的當下，為下二個案子做了鋪墊。

示範演練：

客戶先生，我們在前面談了很多個人保險規劃的必要性及如何規劃一份最適合自己的個人保險，我這邊幫你設計了二個企劃案來和你討論，這二個企劃案，都可能還會隨著你的想法、需要和預算做一些調整。我們先來看看計劃一。

計劃一，我們是以終身醫療為主約，搭配了終身特定傷病及二項定期醫療，一個定期防癌險還有四項意外保障，幫你架構起完善足額的防護網，如同我們前面提到的完整保單概念，把除了壽險之外，我們可能會面臨的人生風險，疾病和意外都包含進去，目的當然就是為了防範當疾病、意外發生時，造成失去工作能力且醫療費用大幅支出的時候，同時在面臨收入中斷，支出增加的當下，能有好的醫療品質，不用擔心平日的支出，也不用擔心治療的費用，更不會把自己過去的積蓄花光，影響家人的生活。

　　在保費方面，一年支應的費用為 41,177 元，如果是月繳的話是 3,624 元，我都會建議客戶，若預算比較寬裕，可以選擇年繳，因為年繳會較月繳節省 2,311 元，就是 5.6% 的保費，對客戶最有利，但若一開始希望比較輕鬆一些，月繳也是很好的選擇，因為很多客戶都覺得，每個月繳沒有感覺，但一次年繳很有感覺，所以他們會先選擇月繳，等收入提高、工作更穩定時，再變更為年繳。

　　我們來看一下計劃一所提供的保障效益，如同我們前面提到的，一個人若住院，不是『疾病，就是意外或癌症』，在疾病的保障額度，每天為 5,000 元，意外為 7,000 元，癌症為 11,000 元，若是加護病房，則分別提

高為 11,000 元，15,000 元，17,000 元，這裡還不包含在治療、住院過程當中，可能的手術費用或雜支費用，因為我們現在不會知道，若客戶發生狀況時，會進行什麼樣的治療，是否會動手術，所以這裡我們都先不計算，但讓你知道，疾病住院最低為每天 5,000 元，只會高不會低，在包含 7 項重大疾病的特定傷險中，一旦罹患，就給付 30 萬元，若是癌症則第一年為 6 萬，在一般身故的保障方面，因為你單身，還沒有家庭的責任負擔，所以暫時沒有將壽險保障規劃進去，等你的家庭狀況改變時，我會再提醒你，要把壽險保障補足，但即使我們暫時沒有做壽險的保障規劃，卻還是有基本的一般身故保障，因為我們所規劃的終身醫療險裡，有一項身故金的給付，讓你還是有基本的保障，而意外身故的部份，就是將一般身故金再加上 300 萬，當然在意外險 11 級 79 項，介於 15 萬到 300 萬的保障給付也都包含，最後是若客戶發生一～六級傷害時，我們除了上述先理賠 300 萬～ 150 萬之間外，還會每年支付 30 萬～ 15 萬不等，最高支付 10 年，讓客戶在 10 年內別擔心生活的問題，重新再適應社會，而計劃一的特色是以『終身醫療為主約，含多項終身給付，給付的額度也較為足夠』，但需要注意，我們剛剛提到的，暫時未規劃壽險保障，建議未來家庭狀況改變，預算增加時，可以考慮以投資型保單做為壽險保障規劃，同時兼顧家庭責任及累積人生的另一桶金。

再來看計劃二和計劃一的差別，在計劃二的部份，我們著重在『預算上的控制』，讓客戶的保費支出相對輕鬆及有彈性，所以我們將計劃二的終身醫療先下降，但為了維持住醫療品質的日額，所以我們同時把定期醫療提高，一降一升之間，節省了預算，卻沒有犧牲足額的日額，同時將終身特定傷病險，變更為定期特定傷病險，讓你在 65 歲之前，都擁有一樣額度的保障，這樣的調整過後，一年的預算就可以由 41,177 元，下降為 33,251 元，讓客戶有更多的選擇，在保障方面，日額完全一樣，在加護病房的部份，都只有一天 500 日的差額，幾乎沒有影響，但也要提醒客戶，因為計劃二，先降低了終身醫療的額度，所以未來預算增加時，建議優先提高終身醫療額度，而壽險部份也是等家庭狀況改變時，考慮以投資型做規劃，到時候，我們會提醒客戶注意。

　　這二個計劃，你看一下，有沒有什地方不清楚的，我再說明的更詳細，此時客戶通常都會說蠻清楚的。

　　接下來，我們自然的接話，並嘗試要求締結，那麼如果說明部份都清楚，你覺得這二個計劃，那一個比較適合你？現在來做規劃～

　　此時，觀察客戶的表情，等待客戶的回應～

　　若客戶說，我覺得計劃二不錯，那就是標準的締結訊息，這時，業務員必須平緩沉穩的接話、說：如果你

覺得計劃二不錯，那我們就以計劃二來幫你做規劃，不知道，計劃二的內容和預算是否還有需要做調整的地方，客戶通常會說沒有，此時就自然的把放在一邊的要保文件放在客戶的面前，並遞上筆，和客戶說，那這裡有一些基本資料要請你幫我填寫一下。

締結小提醒：記得、填寫資料時，把客戶不需思考的部份先填寫（例如：姓名，生日，地址，簽名），客戶需要思考的（例如：受益人，繳費方式），都在客戶簽完名後，再一次詢問，讓填寫資料的過程是自然而順暢不中斷，當然業務員在簽約時，一定要準備一支好寫又不失質感的筆。

若客戶說，我想要回去想一想，雖然發生的機率不大，但若發生了，我反而不會直接問一般常見的問法，就是你要想什麼？因為客戶幾乎不會告訴你，他真正要想什麼。

通常這種狀況最可能的原因有二種，第一種，就是客戶真的想、想一想，但想什麼？或許連客戶自己也不清楚，客戶只是本能的反應，覺得應該要想一想，再決定才是對的，若是這種狀況，接下來要做的就是試探性簽約，因為這種狀況，客戶只是不想立即決定，並不是對規劃內容不清楚或不滿意，這時我們可以這樣說，回去想一想是應該的，因為這畢竟是個很重要的規劃，這

樣好了，你這二天，有空時想一想，有任何問題或是需要調整的地方再隨時告訴我，那這樣好不好，我先把文件給你填寫，你回去想好後，再告訴我，那一個方案，是你想要規劃的，我就可以立即幫你處理，你也不用再多跑一趟，耽誤你的時間，若這時客戶沒有反對，填寫了文件，那後續締結的機率幾乎是100%了，但若客戶說，沒關係，我確定後，再填寫文件，那我就不會再追下去，那我過二天再打電話和你確認規劃的內容來做為這次面談的結尾。

即使如此，一般只要把接下來的保溫和跟催做好，絕大多數都還是會順利締結，但切記，這個時間不要超過一周。

第二種，客戶要回去想一想，這個想一想，通常就是拒絕了，客戶只是沒有回答的那麼直接，那代表整個面談的過程當中，並沒有讓客戶覺得你的提案解決了他的問題，甚至是沒有掌握了解客戶真正的問題和需求，我們就得回頭去想想，整個面談的過程中，那一個環節沒有做好，再加以改進，當這樣的狀況真正發生時，你會發覺，後續再跟催客戶時，通常得到的回應是，『我還沒想好』，『我再想想，我有需要會告訴你』，『我覺得我現在好像還不是那麼需要』這種以拖待變的方法，而最後業務員通常跟催個幾次，也會被磨的放棄這個客戶。

　　談案子，面對的客戶、問題、需求都不同，本來就沒有 100% 的一定，但每一個和客戶面談的規劃案，不是真的得到，就是一部份學到，把本事練好，自然就能提高締結的機率。

◎第七段
延伸成交的力道，擴大接觸面，客戶源源不絕

在上段締結後，千萬別急著結束，還有一件事要做，除了能增加規劃案的穩定性外，也能做為延伸客群的效果，創造未來源源不絕的客戶。

在締結的當下，代表客戶對業務員已產生一定的信任及認同感，對保險也有了一定的了解和認同，所以此時也是很好再建立觀念，延伸客群觸角的機會，一個認同保險的客戶，為業務員轉介紹的機會，必定大於觀念尚未建立的人，**所以我常說『成交才是開始，以服務取代銷售，10 次與客戶的接觸中，若能做到 9 次服務，1 次銷售，那銷售工作自然能愈做愈好』。**

當一個人願意規劃保障，通常也代表，他對家人有一定的責任感和不安，此時趁勢多了解客戶身邊親近的朋友，家庭成員及其保障狀況，除了對客戶有更多深入的了解外，亦可做為未來再接觸經營的線，接著就可以再擴大為面，做業務的都清楚，經營一個家庭，甚至一個家族的時間成本，和經營一個人的時間成本，其實差距不大，但效果及後續影響卻差很多，所以如何有效的從一個客戶，到經營一個家庭，甚至家族就很重要，別忘了每一個客戶的後面都代表了237 個人脈機會，業務員必須主動開發、經營，因為

客戶幾乎是不會主動提起的。

當你今天締結了一份保單的同時，要如何再繼續延伸，才能有機會創造源源不絕的潛在客戶呢？

第一：你可以先注意，當客戶填寫資料時，一定會填到受益人的姓名和他之間的關係，而這個人也一定是他最關心、在意的人，單身時最可能的是父母、手足，而結婚的當然就是配偶及子女了。

若客戶是單身，在文件填寫完畢，締結後，你可以這樣說，恭喜你擁有一份完善足額的保障，相信這份保障不僅能讓你安心，也能讓父母放心，對了，我想請教，父母現在還在工作，還是已經退休了。

不論客戶回答是在工作或是退休，你都能繼續向下引導，不知道父母親在過去是否都有做好和你一樣完善的保障規劃呢？

若有，就依五大問句（父母親的保單已購買多久了？購買後有沒有、固定一段時間進行檢視和依實際醫療品質做適當調整嗎？清楚保障內容嗎？業務員和他們的關係是？業務員的服務他們滿意嗎？）來探尋、製造是否有機會能進行保單的檢視。

若沒有，就詢問客戶以下的問題，用以引導客戶思考未來為父母親規劃保單的可能性。若父母沒有規劃

任何的保障，如果有一天當父母需要醫療時，誰會去付錢？這一天來的時候，會不會造成你額外的負擔？在過去大家族的家庭結構當中，大家能相互照應，生養的子女多，能一起負擔的人也多，我們很少思考這個問題，**但現在的我們，處在少子化的時代，父母親的健康問題其實是子女最大、最不確定的財務風險**，想想，如果有一天父母其中一人倒下，需不需要人特別照顧，需不需要醫療費用，那時會對誰造成影響，所以我都會提醒客戶，在父母健康時，透過子女的分攤，為父母做好基礎保障，當有一天需要時，除了能給父母好的醫療照顧外，也不會造成子女額外的經濟負擔，更不會造成子女彼此的爭吵，如果你也覺得這是重要的，找時間可以和兄弟姊妹討論這件事，再找出最適合你們的方案。

如此一來，你會發現，除了締結原有的保單外，還能向外擴大接觸面，把這個步驟做好，往往會得到不錯的效果，更能讓你的銷售線延長，由一個人擴及一個家庭，甚至是一個家族。

到這裡，你已完整的跑完了整個『醫療銷售流程』，只要把我在這個章節裡談到的每個細節做到位，不斷的練習，內化為你的表達方式及語調，即使你是一個新進的業務夥伴，相信你所表現出來的，絕對已經是自信、專業的那一面。客戶判斷認定一個保險從業人員，已

經做多久的時間，通常不是來自於你真正的年資，而是你和客戶面對面時，你所談的內容，表現出來的專業，**我強烈的建議想從事銷售工作的每一個人，必須在客戶面前做好十足的準備，表現出十足的自信專業，即使今天是你做銷售工作的第一天，聽起來，都要像做十年一樣，才有機會在競爭激烈的市場中，脫穎而出。**

在第三章節的最後，附帶一提，有許多的新進業務員一開始都說，不想從身邊的朋友、親人經營起，而他們不想從緣故市場開始的原因，不外乎，擔心親朋好友因為你從事了保險工作，會給你不好的回應，拒接電話，態度冷淡，甚至直接開口拒絕，所以他們想從陌生市場開始，認為即使被拒絕了，心裡也不那麼難受，另外是想証明給親友看，我的成功不是因為你們，而是我自己的本事，當我成功了，我再來和你們談保險有多重要，那個時候，你們應該就沒話說，應該就會欣然接受我所提出來的建議，但說白了，就是不想一開始面對熟悉的人可能給你的拒絕和難堪。

但我們先想清楚幾件事，你再決定要從哪開始也不遲。

第一、熟悉的人是因為你從事了保險工作就產生了不愉快的感覺嗎？就開始和你避不見面了嗎？應該不是吧，**比較可能是我們用了不對的方式，去對待我們的**

朋友，甚至使出人情攻勢，讓他在人情壓力下簽下了一張，他自己都不知道為什麼要買的保單，才產生了不好的感覺吧，所以如果我們用的方式是讓人感到舒服的，建立的觀念是正確的，引導的想法是對方認同的，那我相信，就不會有這樣的感覺產生，即使是當下被拒絕了，都代表朋友不是拒絕了我們，而是拒絕了這份他認為暫時不需要的提案。

第二、如果認識你的人，都不願意給你機會，那你為什麼會認為，一個走在路上，和你完全陌生的會跟你買保險，我的經驗是，一開始從陌生做起的業務員，經過一段時間（通常是一個月）在市場上最大的收獲，就是他應該要回來做緣故。

第三、當你從陌生市場開始，陌生人一開始就成為你的客戶的機率其實並不高，第一他要對你有一個好印象，接著必須經過一段時間的經營，建立信任感後，才可能進入到面談、甚至締結成為客戶，若一個陌生人必須和你從陌生變成了朋友後，你才有可能進行所謂的銷售，那和你直接經營緣故市場有什麼不同。

第四、若你認同保險對人們的意義與功能，你不是應該先從認識的、親近的、關心的人先談起嗎？談不一定會成交，因為每一個客戶都保有可以拒絕業務員的權利，與其想著要從緣故或陌生開始，不如想想，我們對

保險意義的認同是否到位。

　　但我依然沒有認為一個業務員的目標市場一定要從哪開始，因為從哪開始都有人成功，有人失敗過，沒有人說、做緣故一定成功，做陌生一定失敗的道理，**重點是業務員是否夠了解自己的優點、特質，是否建立了對壽險功能正確良好的觀念和信念，**知道你為何要去找這個人談保險規劃，讓客戶清楚知道、保險對他及對他的家人的重要性、急迫性，充份運用專業的技能，站在客戶的角度立場思考，並提供適當的建議，若能做到以上，我相信，不論從緣故市場，或是陌生市場，都會有一個好的發展。

第四章

長期照顧險行銷流程

觀念開場：長期照護，補足醫療最後一塊拼圖

◎第一段

　　失去生活自理能力，是我們最該擔心的

◎第二段

　　政府十年長照計劃，緩不濟急

◎第三段

　　2300 萬人面對什麼樣的未來？

◎第四段

　　人一生需被照護的時間遠超過我們的想像

◎第五段

　　一個問題，三種狀況

◎第六段

　　長期看護險的族群在這裡怎麼談？

前言

在這個少子化，老年化的世代，每一個人都必須認真思考，立即準備補足『醫療照護』的最後一塊拼圖，不僅是為了讓自己在需要的時候有一個好的照護品質及人生尊嚴，更不會因為自己的倒下，為家人帶來經濟的崩解及日常生活的全然改變，據統計：在 2015 年有近 75.5 萬人需要長期照護，而在 2016 年將增加為 78 萬人，到了 2050 年則預估為 190.9 萬人，而以 2016 年推估，每一個失能者家庭人口數平均有 4.58 人，也就是說，當失能人數為 78 萬人，受影響的人數共有 357 萬人，占台灣人口的 15%，**最重要的是，當一個人失去生活自理能力，卻不需要住院治療，在家療養時，過去台灣民眾所購買、規劃的醫療保險完全幫不上忙。**

在 1970 年，生育率為 4，平均一位媽媽生養四位孩子，每年的新生兒近 40 萬人，在 40 年後的 2010 年，生育率降到僅剩 0.9，當年新生兒為 166,886 人，幾乎和當年的死亡人數 144,709 人非常接近，人口淨增加僅 22,177 人，也就是生育率和死亡率十分接近，代表可見的未來，人口趨勢不但會增加的十分緩慢，甚至是減少及老化，在近年因著政府不斷提出相關生育政策，才讓生育率回到 1 以上，尤其 2016 年是台灣人口結構反轉的關鍵年，這一年、台灣 14 歲以下人口跌破 300 萬人，

65 歲以上突破 300 萬人，在 10 年後的 2025 年，14 歲以下推估為 258 萬人，65 歲以上推估為 475 萬人，一來一回，少子化，老年化已然成形。

可想而知，**人口數的減少，將對社會造成巨大的衝擊及改變，尤其是人口結構具有不可逆性，短時間無法改變，家庭子女數的大幅減少，首當其衝的就是全面顛覆過去『養兒防老』的觀念**，以過去一個家庭有四個孩子為例，若父母未來需要照護時，有 4 個兄弟姊妹能一同分擔，平均 2 個人照顧一個老人，但在生率降到 1 時，代表 1 個人要照顧 2 個老人，一來一回，負擔的倍數增加為 4 倍，想想，若今天我們自己的家庭當中，有一位家人因疾病或意外倒下了，需要 24 小時的照顧，會不會對你產生重大的影響，不論在生活或是經濟上，若會，那我們做了什麼準備？

2015 年 5 月 15 日三讀通過，長期照顧保險法 2015 年 6 月 4 日草案通過，費率訂為 1.19%，補充保費為 0.48%，有固定雇主的保費分擔比例為：雇主 4 成，個人 3 成，政府 3 成，當然長期照顧服務法及長期照顧保險法的立法，就是為了因應未來的老年化社會，未來不論正式上路後，是以『保險制』或是『稅收制』來架構長期照顧，都代表這是一個已經急迫到非做不可的事，其實講的更正確，應該是現在進行式，而不是未來式，

但只靠政府做，夠嗎？政府的資源有限，無法全面性的照顧，最後還是回到以家庭為單位來面對，想想，我們都有健保，但若要有更好的醫療品質，是需要自己付錢的，別更說每天的新聞報導中，不時充斥著，家中經濟支柱因疾病、意外倒下時，造成嚴重的家庭經濟負擔，勞工都有勞保年金及勞退新制，但我想很少有勞工會說，這是夠的，足以享受好的退休生活品質的，**其實任何的社會保險都在提供我們基本的照顧，而不是滿意的照顧。**

在過去台灣的民眾已建立了很好的醫療保障觀念，也清楚知道個人商業醫療保險，已是個必需品，而長期照顧則是這幾年才在政府及民間的大力推廣之下，讓民眾開始慢慢認知了解，以台灣在 2,349 萬人口來計算，個人的長期照顧保險的普及率卻僅有總體投保件數的 2%，代表還有極大的努力空間，只是要如何讓民眾知道，一般的醫療保險和長期照顧保險的差異性，及為何應儘快補足這塊醫療險的最後一塊拼圖。

我們在接下來的流程裡，就會一步步為大家建立觀念及說明引導的方式，在這個章節裡，會引用大量的數據來為客戶建立觀念，**別忘了，不是數字會說話，而是準確的數字會說話，若你要用數字來做為觀念建立及引導的要素，記得，必須是準確的數字，而不是大概。**

觀念開場：長期照護，補足醫療最後一塊拼圖

　　建立觀念為先：以說明疾病、意外與失能的差異性來破題，分類長期照護保險與一般醫療保險的保障範圍，引導客戶思考，我們最擔心的是『那一種狀況？』進而帶出每個人都應補足醫療最後一塊拼圖『長照保險』的重要性。

◎第一段
失去生活自理能力，是我們最該擔心的

　　若有三種狀況發生，我們會擔心那一種，是看門診一次 300 元，住院一次 57,168 元，還是需要被長期照顧生活起居的一年 80 萬元，而且不知道要付多久？相信絕大多數的人擔心的會是最後一種，對吧？因為看門診都是小病小痛，花費並不多，而住院一次平均費用為 57,168 元，也都是大多數人可以負擔，這些都屬於短期間能恢復不致於造成家庭經濟的龐大負擔，但若一個人失去生活自理能力，需要被長期照護時，平均一年花費 80 萬，且大多數為無法恢復的狀況，相信對絕大多數的人和家庭就會造成長久及絕對性的影響，根據統計，平均一個人一年住院的天數為 9.9 天，若以平均餘命 80 歲計算，一個人一生會住院 792 天，也就是 2.16 年，但一個人一輩子不健康需要被照顧，卻不需住院治療的

時間卻長達 7.3 年，你一定發現了，過去我們僅管規劃了完善的商業醫療保險，用以保障我們需要住院治療時醫療花費，卻都忽略了，若不需住院治療，但需要居家療養被照顧時的龐大支出是醫療保險幾乎完全幫不上忙，因為商業醫療保險，基本上都需要『住院或是手術治療』時才能啟動保障機制，但長期照護的狀況，幾乎都不需要住院，例如：中風，殘廢等狀況。

請問是 2.16 年長，還是 7.3 年長，如果是 7.3 年長，那我們為什麼防範了 2.16 年的風險，卻忘了 7.3 年將帶來更大的經濟風險？

◎第二段
政府十年長照計劃，緩不濟急

因為人口結構的改變，老年化、少子化正衝擊社會上的每一個人和家庭，2016 年需被照護的人數估計為 78 萬人，每一個失能者所牽動影響的家庭成員有 4.58 人，也就是說整個社會上因為家中有人需要被長期照顧所影響的人數高達 357 萬人，這幾乎為台灣總人口的 15%，而到了 2050 年因為人口持續老化，預估需要長期照護的人口將激增到 190 萬人，為現在的 2.43 倍，而 2050 年不過就是 34 年後的事，現在的你如果已在社會上工作，不論你是剛出社會，或是已工作好幾年了，34 年後，我們都是老人，都是可能需要被照顧的那群

人，這些年來，政府透過大數據及掌握社服、醫療機構的統計資料，清楚的知道，這將會是未來台灣將要面對的極大難題，所以政府這些年來，也持續建構台灣長期看護保險網，尤其是 2015 年 6 月 4 日通過了長期照顧保險法草案，暫訂定了 1.19% 的保險費率，並有 0.48% 補充保費及雇主 4 成，政府 3 成，個人 3 成的負擔比例，預估在 2018 年正式開辦等同於全民健保的全民長看保險，全民納保，由政府來提供相似於全民健保，全民保障的長期照顧機制，也可能是採取稅收制，由政府調高現行的『遺贈稅及營業稅』至 20% 及 5.5%，專款運用在長期照顧的社會福利上，不論是『保險制或是稅收制』，立意都是良好的，但我們也都知道不論是 1995 年實施的全民健保，或是未來要實施長期照顧保險，都只能提供基本的防護及醫護品質，若未來每一個人在面對疾病、意外或需要被長期照顧時，想要有更好的品質及選擇，都還是需要自己多為自己準備商業保險來補足缺口。

相信會有許多客戶有疑問？**如果未來政府要開辦全民的長期照顧保險，我們自己有需要再去規劃個人的長照保險嗎？這個問題，如同我們問客戶，已經有全民健保了，為什麼你還想要買個人的醫療保險或防癌險一樣**，我相信，絕大多數的客戶會說，全民健保怎麼夠，一旦住院，若健保房滿房，要住單人房或雙人房時，都

必須自費 2～6 千元，甚至更高，更何況，全民健保有許多不支付的項目，都必須自費，如果連短暫的住院治療都有這麼多需要自己負擔的項目，那如果遇到長期需要居家照顧時，自己或家人要付的費用當然更多，長期照顧保險，一個人一個月才繳幾百元保費，若真的需要請專人照顧，加上相關耗材，一個月 4 萬跑不掉，政府在考量財政收支平衡的狀況下，怎麼可能全部買單，當然要自己為自己和家人多做一些規劃，萬一遇到時，讓自己有選擇的餘地。

你發現了嗎？會引導，客戶講的甚至比業務員還好，這樣的反問法也是一個拒絕問題處理小技巧，在和客戶面談時，若當下遇到一些反對問題，有時不需要急著回答，更不需要反駁客戶，如同我們在前面篇章提到的，先表示了解，再以另一個問題，詢問客戶，讓客戶自己解決自己的問題。

和大家舉個例子，讓大家更方便了解及運用這樣的反問法技巧，在你展業的過程當中，有沒有遇過客戶告訴你，我覺得買意外險不划算，因為每年都要繳，也從來沒用過，繳的錢都白繳了。

你會怎麼回答？我以直答式和反問式讓大家做參考。

直答式：不會啦，怎麼會不划算，你不要這樣想，

沒用到最好呀,當作保平安,而且意外險保費這麼低,保障這麼高,人總是有個萬一嘛,每天打開電視有這麼多意外發生,誰又會知道「下次」是誰遇到。這樣的回答,你覺得客戶接受的機率有多高?

反問式:我了解你的想法,意外險保費雖然很便宜,且每年都要繳,若真的都沒有用到,的確是會感覺有些浪費,如果真的覺得不需要這個保障,是可以考慮降低,而划不划算,我真的無法回答,因為我並不會希望客戶遇到,更不希望他用到,如同這個年代,大家都很重視養生和健康檢查,以確保自己的身體狀況,我請問你,**若今天有一個人,花了十萬元去做了一次全面性的健康檢查,檢查的結果身體非常健康,沒有檢查出任何病痛,如果我們是他,我們會不會覺得很浪費,什麼事都沒有,還花了十萬元,真不划算,我相信我們一定不會這樣想,因為我們去做健康檢康,和買這張保單一樣,是為了確認和安心,並不是期待要檢查出疾病才覺得划算,你說對嗎?**相信客戶此時已解決了他剛剛提的問題了。

反問式的提問,目的在於先了解客戶的想法、感受,並提供他解決方式,之後再以舉例反問的方式,讓客戶換個方向,換個想法,去解決他自己的問題,如同開車族每年需要買車子的任意險,也不會覺得今年沒撞車,很不划算,對吧。

◎第三段

2300 萬人面對什麼樣的未來？

前二段已引導客戶思考，我們最該擔心的是什麼？及目前政府做了什麼準備？對於我們來說，因為知道想要有更好的品質，必定要自己為自己做更完善的規劃，第三段，我們將要運用大量的數據，加深客戶對於長期照顧保險的需求感及急迫性。

其實想想人們在退休後的人生階段，有什麼需要？而這些需要能透過保險工具完成嗎？

用生命曲線，以終為始往前推，當一個人經過求學、工作到最後退休的階段，**退休時會有三個主要需求，第一：有足夠的退休金支應生活開支，第二：有足額的醫療保險，當疾病、意外發生時，讓自己能選擇最好的醫療品質，且最重要的是不讓退休金變成醫療費用，第三：當無法自理生活時，有專人照顧，且照顧費用，由長期照顧險支付，直至百歲終年，不會因需要長期照顧，而改變了原本家庭成員的生活模式**，這就是一個人在退休時，需要準備的三個帳戶：『年金帳戶、醫療帳戶、長照帳戶』。

過去我們都集中資源在『退休金及醫療帳戶』，對於長期照顧卻完全忽略，在台灣 2300 多萬人，在未來

這個世代，要面對什麼樣的退休重擔呢？

第一：消失的下一代，1981 年台灣一年的出生人口有 41 萬多人，不到 30 年的時間，2010 年出生人口竟只有 16 萬多人，一來一回少了近 25 萬人，更別說近年每年的新生兒都在 20 萬人以下徘徊，少了新生兒的影響，絕不是只有幼稚園關門、大學合併停招而已，消失的下一代，先是影響整個社會的經濟需求推動，所有的幼兒產業都會受到影響，再來是教育體系，因為沒有學生，學校為了生存只能裁撤或合併，接著是勞動力的短缺，企業找不到人，加劇缺工問題，沒有了勞動力，政府的稅收開始減少，相反的老人愈來愈多，社福支出的壓力愈來愈大，看看每一個年金制度依序破產的倒數時間表，你會發現，這些預測到的事都即將發生。最後影響社會、家庭結構的徹底改變，父母無人孝養，獨居老人急速增加，許多問題將層出不窮，政府將會疲於奔命，但人口結構具有不可逆性，每一個人都要開始思考，老後有誰會照顧你？誰能照顧你？

第二：誰來照顧你，因為生育率無法提振，在台灣近年生育率在 1 上下徘徊，代表二個人結婚只生養了一個孩子，遠低於生育率必須為 2.1 才能維持人口正成長的數字，從 2016 年開始，台灣的人口結構產生極大的變化，2016 年台灣的老人人口首度超越了幼年人口，

2016 年 0 ～ 14 歲的幼年人數首度跌破 300 萬人大關，
而 65 歲以上的老年人口首度超越 300 萬人，再過 10 年，
2025 年，0 ～ 14 歲人口只剩 258 萬人，而 65 歲上激增
至 475 萬人，屆時在公園看到的不是陽光般孩子奔跑的
背影，而是老人被輪椅推出來曬太陽的淒涼景象，因為
生育率持續低迷，2020 年台灣人口進入零成長，2023
年台灣人口進入負成長 (代表每年的死亡人數大於出生
人數)，預估目前的生育率，在 2050 年時，台灣的人口
數不再是我們熟知的 2300 萬人，而是大減 500 萬人的
1800 萬人，老化的速度世界第一，而上述的影響是什
麼？就是 2050 年都將成為老人的我們，誰會來照顧你，
是你唯一的獨生子女，或是和你一樣老的另一半？面對
這個問題，我們是否做好準備？

　　第三：不健康的 7.3 年，根據統計，台灣民眾一輩
子不健康的時間長達 7.3 年，女性的壽命平均比男性長
6 歲，問題的核心在於，這不健康，需要被照顧的 7.3
年，以平均一個月的照顧費用 (看護費及耗材) 約 4 萬
元計算，即為 7.3×12×4=350 萬元，也就說是一個人在
一生中，都必須準備 350 萬元來照顧自己不健康的老年
生活，而**長期照顧保險的功能是什麼？就是透過保險的
機制，提前準備，即可以降低準備的金額，提高保障的
額度，以達到保障不健康的自己的目的**，去公園看看，
你就會知道，這個情景早已是慢慢實現，不是尚未發生

的未來，當不健康的時間來到時，人們通常有幾個選擇，一個是家人照料，這也是現在最普遍的選擇，但在生育率這麼低的現在，這個選擇未來還存在嗎？即使存在，你也一定聽過，被照顧的人很辛苦，照顧人的人很痛苦，因為長期照顧的狀況，幾乎都是不會恢復的健康生活自理能力，如果你是照顧人的那個人，你有想過，你能照顧家人多久？我們有照顧人的經驗和專業嗎？為什麼久病床前無孝子，每一天的社會新聞都可以看到因為家中有人重病，需要長期被照料生活起居而引起的家庭悲劇，原因就來自於長期照顧這件事，是極度需要專業及耗費心力的事，更是改變一個家庭日常生活模式的事，另一個選擇，是交給專業的機構或專業的人士來照顧，一方面被照顧者能得到最好的專業照料，讓日常生活得以舒適，甚至讓身體機能逐漸好轉，至少不至於惡化，一方面被照顧者的家庭成員不需改變原本的生活模式，得以喘息，如果有一天，我們都要面對這件事，你覺得那一種方式，對於你和家人是最好的選擇？

　　長期照顧保險就是最好的解決方法，讓我們每一個人在有一天要面對這件事時，有選擇的權利，有尊嚴的度過那可能不健康的 7.3 年。

◎第四段
人一生需被照護的時間遠超過我們的想像

　　你我可能都沒想像過我們有一天會需要被人照顧，但看看我們周遭的長輩們，相信所有的人都不難想像這一天到來，在 2012 年，我們是 6.7 個青壯年扶養 1 個老年人口，經過 40 年後，到了 2051 年則是 1.5 個青壯年扶養 1 個老年人口，這個數字的改變，充份反映了『少子化、老年化』對社會帶來的巨大改變，而 2051 年，誰是老人，就是現在青壯年，生育率最低的這一代，當那天來臨時，我們會發現，我們為退休準備了一輩子，為醫療保障花了龐大的資源，但卻忽略了當不健康的時候，需要居家照顧，但醫療險卻幫不上忙的狀況，這個平均需要被人照顧生活起居的時間則長達 7.3 年，另一個我們必須注意的是，除了因為疾病導致失去生活自理能力的可能外，還有因為殘廢所可能導致的生活不便，一樣需要被人照顧，**過去我們總以為是意外才會造成殘廢的狀況，但看看統計數據，你可能會發現，因為意外及交通事故造成的殘廢比例只有 9.6%，竟有高達 57.4%的比例是因為疾病所造成的殘廢，例如：因糖尿病引發的可能腦中風、血管栓塞，嚴重可能導致截肢，高血壓引起中風也可能導致殘障，甚至痛風，癌症也都有造成殘廢的可能，而殘廢最可怕的是不會恢復，在台灣平均7.3 戶就有一家有人殘廢，這個數字，我相信也會讓許**

多人感到驚訝，在人生各階段可能的風險當中，對於疾病、意外、傷殘，甚至失去生活自理能力，我們都難以事先預防，保險規劃的目的，就是讓我們在面對風險發生時，擁有選擇的權利。

◎第五段
一個問題，三種狀況

前面談到了在現在及未來的社會結構中，我們每一個人，必須面對『少子化，老年化』所帶來的長期照顧問題，目前在台灣的長期照顧保險商品也已十分完整，可以讓民眾依據自己的需要及預算做最適當的規劃，而市場上大致上區分為三種不同保障範圍的長期照顧保險，如下圖所示：

險種	長看險（正長看）	類長看	殘扶險
理賠條件	失能狀態	特定傷病	殘廢等級
理賠範圍	無法自理生活 生理功能障礙 起床、走動、穿脫衣服 如廁、沐浴、進食 認知功能障礙 人物、時間、場所的分辨障礙	依各家公司所定義的特定傷病理賠 例如：腦中風，阿爾茲海默氏病，帕金森氏病等等	依據 11 級 79 項殘廢等級理賠
保費高低	最高	次之	最低廉
理賠特色	只要符合定義即理賠，範圍最大	理賠要件明確，爭議少	理賠要件明確，爭議少
缺點	失能的判定標準可能因人而異	侷限理賠範圍	侷限理賠範圍
適合族群	40 歲以上，已擁有完善醫療保障，且較具經濟能力者	有相關家族病者	意外的機率相對較高的年輕族群。

※ 接下來，我們一樣把繁複的建議書，用總表的方式，簡化搭配說明使用，在總表中我們以 20 年期的『類長看和殘扶險』為例來做說明練習。

安心先生『長期照護防護計劃』保障一覽總表	
計劃類別	照護保障計劃
險種別	**類長看**
年期	20 年
保額	**100 萬**（理賠金為**保額 25%**）
功能性	保障因 **12 項特定傷病** 而造成生活需專人照護之費用支出
支應費用	**26,300 元 / 年、2,314 元 / 月**
年較月節省	**1,468 元 / 年**
保障範圍效益	**12 項特定傷病照護給付** 一、**安心保險金**：給付 25 萬元。給付一次。 二、**照護扶助金**：給付 25 萬元。每年給付。 三、**身故金**：應已繳年化保費總和 ×106%- 理賠金。
保障槓桿試算平均看護 7.3 年	7.3 年 ×25 萬 =182.5 萬，**3.46 倍保障槓桿。**
豁免保費	**罹患 12 項特定傷病& 一 ～ 三級傷殘豁免。**
備註	照護扶助金**最高給付至 100 歲。**

安心先生『長期照護防護計劃』保障一覽總表	
計劃類別	照護保障計劃
險種別	**殘扶險**
年期	20 年
保額	**2 萬元**（理賠金為**保額 12 ～ 20 倍，意外再加倍**）
功能性	保障因**殘廢**而造成生活需專人照護之費用支出
支應費用	**27,480 元 / 年、2,418 元 / 月**
年較月節省	**1,536 元 / 年**
保障範圍效益	**一、二項：11 級 79 項傷殘保險給付，三、四項：一～六級照護扶助給付** 一、**殘廢保險金**：40 萬×100%～5%=40 萬～2 萬。給付一次。 二、**意外殘廢保險金**：80 萬～4 萬。給付一次。 三、**照護扶助金**： 24 萬×100%～50%=24 萬～12 萬。每年給付。 四、**意外照護扶助金**：48 萬～24 萬。每年給付。 五、**身故金**：應已繳保費。 六、**意外身故金**：應已繳保費 2 倍。
保障槓桿試算平均看護 7.3 年	照護扶助金：7.3 年×24 萬=175.2 萬，**3.18 倍保障槓桿**。 意外照護扶助金：7.3 年×48 萬=350 萬，**6.36 倍保障槓桿**。
豁免保費	**一～六級傷殘豁免。**
備註	照護扶助金＆意外照護扶助金均以**保額 600 倍為限，即 1,200 萬～ 2,400 萬。**

總表各欄位重點說明：

險種別：分為類長看(特定傷病給付)及殘扶險(殘廢給付)。

年期：均以 20 年為例。可依客戶年齡調整年期，**建議保單滿期日，不要超過客戶退休年齡，以免客戶退休後，還有大額的保費要負擔，進而造成壓力。**

PS：因目前市面上的長看險，類長看及殘扶險，幾乎都有發生理賠時，即同時豁免保費的機制，更有些被保險人身故時，還可以返還已繳保費乘上百分比的身故金(注意是否需扣除理賠金)，因而有些客戶會希望選擇較長年期做規劃。

優點為：

一、當預算相同時，年期由短拉長，將可有效的拉高保障額度。

二、若繳費期間發生理賠狀態，只要有豁免機制，也就不需再繳付保費，但享有保障。

三、健康平安終老，若身故時，有退還保費機制，即使因年期拉長而多繳付保費，有一天也是全數為身故金，返還給指定的受益人。

保額：保障的基本保額，需注意理賠時的算法，是

保額或是以保額為基數再乘上相關係數（例如：殘扶險一般都會依照殘廢等級乘上 5 ～ 100% 不等）。

功能性：簡述保障範圍及功能。

支應費用：呈現年繳及月繳二種主要方式（目的為呈現費用極小化，效益極大化的桿槓模型），須注意年繳，半年繳，季繳，月繳間彼此的係數關係為 1，0.52，0.262，0.088 及年保費與其他繳別的保費差異。

年較月節省：呈現年繳較月繳所節省的保費費用，讓客戶清楚其中差異，並做最有適合的選擇。

保障範圍效益：清楚排列保障範圍，讓客戶一目了然，清楚保障範圍及金額。

保障槓桿試算：以平均一個人一輩子有 7.3 年需要被照護的時間回推，若透過適當的保險規劃，在相同狀況發生時，保費與需要支付長看費用之間的比例關係。

PS：以上圖類長看的規劃為例，若發生特定傷病，平均需要被照護 7.3 年的時間，每年給付 25 萬，即總給付 182.5 萬，而總繳保費為 52.6 萬元，182.5/52.6=3.46，即透過適當規劃，讓保費平均產生 3.46 倍的保障效益。

豁免保費：陳述豁免保費的條件，加以說明，當豁

免條件發生時，一般也是客戶可能無法再繼續工作的狀況，這時的豁免保費，一方面免除了繳費的壓力，也開始啟動保障的機制。

備註：記載客戶需要知道的權益及重要事項。

計劃總表說明示範練習

（本案例以 35 歲男性，某壽險公司商品為例）：

在我們一步一步說明了長期看護的重要性後，客戶理應已產生了需要，當問題需要解決時，我們就要進入提供解決方案的步驟。

以上圖左側的類長看規劃為例，切入說明～

客戶、你試想看看，用平均 4 萬看護費計算，即需要 7.3 年 ×12 個月 ×4 萬元 =350 萬元，而這只是平均的估計，最高呢？

當有一天我們得面對這件事時，**我們無法預估花費的金額，想當然爾，我們更沒有準備這筆錢，但若發生了，我們會動用那筆錢來支付，是自己的退休金，是預備留給孩子的教育、創業金，還是賣掉房子來支付，我相信，我們都不會希望，對嗎。**

我們假設一個問題，三種狀況：若一輩子我們都要面對這個問題，且支付的金額平均為 350 萬，若有一

個方法是開立一個專屬自己的長看保障帳戶，而這個帳戶可以分 20 年無息的每天放入 72 元，等於一年放入 26,300 元，20 年共放入 52.6 萬。

一：**若繳費期滿後**，若發生了特定傷病，符合照護的條件，這個帳戶立即啟動支付機制，**每年支付 25 萬元 (最高至 100 歲)**。

二：**若繳費期間時**，發生了符合照護的條件，這個帳戶不但啟動支付機制，**每年 25 萬元，另外每年原本需繳納的 26,300 元，即日起不需再繳。**

三：**若一輩子都健康平安至終老**，從未使用過這筆錢，是我們最希望的，當我們和上帝喝咖啡時，**這筆繳付的 52.6 萬，將會加計 6% 匯進你指定受益人的帳戶，讓你每一塊錢都回到你想留的人身上。**

也就是說當我們 35 歲～ 55 歲時，每天只需幫自己在這個帳戶放入 72 元，卻能保護我們在發生照護狀況時，維持我們的基本生活品質及尊嚴，這個企劃案，讓我們可以創造出 3.46 倍的保障槓桿，提供我們自己若需要時，一年 25 萬的基本保障額度，當然建議每個人在預算許可的狀況下，可以做到一年 50 萬，一個月超過 4 萬元的足額保障，若預算暫時希望寬鬆一點，則可先以基本的為主，未來再逐步向上調整。

其實長期照護規劃，就是讓自己，健康時存下錢，需要時給你錢，沒用到還你錢，若我們一輩子都需要為自己及家人規劃一張長期照護保險，你會不會希望這張保單是保費最低，保障期最長？如果是，那就是現在，我相信你一定也知道，保險都是在我們不需要它的時候，才買的到，當我們需要它時，往往我們的身體狀況都可能被保險拒絕了，不是嗎？

　　我們再來看看右邊的殘扶險規劃，這個規劃和類長看不同的地方，在於殘扶險是針對殘廢的狀態做防護，而類長看是針對特定傷病做防護。

　　我們都知道，當一個人不論因為疾病或意外所造成的殘廢狀況時，最令人擔心的是，殘廢不會好，因為它是一種持續性的身體狀態，根據傷殘的嚴重程度來說，一個人若發生六級以上的殘廢時（例如：一上肢腕關節缺失），極可能嚴重影響到他的工作能力，甚至無法工作，需要被人照料，而殘扶險的規劃正是防護這方面的風險，以這個企劃案為例，若發生一～十一級的傷殘，即可先得到 2 萬～ 40 萬不等的殘廢保險金，若是意外所造成的，它的保障額度均再加倍，變為 4 萬～ 80 萬，若是發生極可能影響工作謀生能力的一～六級殘廢的狀況，除了上述的殘廢保險金支付外，還可以獲得每年12 ～ 24 萬的照護扶助金，相同的，若是意外所造成的，

將加倍為 24 萬～ 48 萬元 / 年，每個月 2 ～ 4 萬的扶助金，這樣的保障槓桿則高達 3.18 ～ 6.36 倍，我會建議，一般來說，若有一些特定傷病的家族遺傳病史，可以以特定傷病的類長看為主，若是沒有相關家族病史，而是剛出社會的年青人，或是經常在外奔波的上班族，就可以以殘扶險為主來做規劃，選擇自己最適合的方案，也讓自己在每一個人生階段都能安心、放心。

　　那你覺得，類長看和殘扶險那一個最適合你現在的狀況規劃呢？如同醫療險的銷售流程一樣，在此做成交締結，從第一段到最後一段，依循引導，說明，相信到締結的機率是相當高的，**永遠要記得，不要以商品為推銷點，若以商品為主，當你在市場上碰到條件更好的商品，不要說客戶，業務員自己都會產生心理障礙，而出現銷售瓶頸，以需求為出發點，就沒有商品的問題，沒有最好的商品，重點在於如何做出最適合客戶的規劃。**

◎第六段
長期看護險的族群在這裡怎麼談？

　　許多業務員在新商品問世時，往往第一個問題就是，市場在那裡？要怎麼賣？有什麼話術？尤其是一些具有重疊性的商品，一開始，總是會覺得在銷售上，並不是那麼容易，因為客戶買過類似的商品，例如過去我們曾銷售過的重大疾病險，之後因為時代的進步，各家公司擴增了保障項目之後，變成了特定傷病險，而特定傷病險的項目當中，一般都包含了重大疾病險一樣，若客戶買過重大疾病險後，會再買特定傷病險嗎？相信我，答案是肯定的，因為買過重大疾病險的客戶，了解一筆給付的重要性，當擴增的保障項目，若也是客戶所重視的，認為重要的，那客戶當然就會再次購買，**重點在於客戶為什麼要買，需求是什麼？只要聚焦在客戶的潛在需求上，商品就成為滿足需求和解決擔心的工具而已。**

　　更遑論長期看護險了，因為它創造出一塊一直被忽略，從未被滿足，但卻極重要的需求，想想，過去醫療險解決的是，客戶因疾病、意外而住院、手術、治療所產生的醫療費用問題，因為這個問題，讓每一個民眾都覺得需要，所以大家對於醫療險的認知是必須的，一定每個人都要規劃的，但一個人一輩子需要居家被照顧的

時間遠遠超過需要住院的時間，醫療險的保障範圍卻無法支付任何費用，可想而知長期照護險未來的市場空間會有多大。

最後，我們一同來探討長期照護險的市場在那？有那些族群？他們可能購買的潛在想法、需求是什麼？及用什麼樣的角度和各個族群切入，相信掌握了關鍵點後，每個人在銷售長期照護險上，都能大有嶄獲，事半功倍。

以下簡單列出幾個長期照護險的潛在族群，並以各種族群，做銷售切入示範，在思考這些族群如何切入及破題的同時，建議也在閱讀過後，立即在族群的旁邊列出你身邊的客戶名單或是加註你想談的想法及流程。

序號	族群	需求點
1	原醫療險客戶	補足醫療保障拼圖
2	頂客族	未來沒有子女照料
3	感受族	家中有長看經驗
4	愛子族	不想造成子女負擔
5	獨子族	獨生子女，未來有照料父母責任
每個族群列出名單		

一、原醫療險客戶：

這絕對是最佳的潛在族群，為什麼呢？

※ 已是客戶，代表和你之間擁有不錯的信任感，在提供資訊上十分容易與客戶接觸。

※ 曾經規劃過醫療險，代表客戶有基本對於醫療保障的認知及觀念，再從醫療切入長照險，更為容易。

你可以這樣問，這樣談：

- 你記得當時、為什麼買醫療險？★喚起記憶

- 是不是怕萬一自己生病或受傷時，不知道要花多少錢，更重要的是不想花到自己的錢，對嗎？

- 所以我們每個月支付一筆我們可以接受的保費，去預防一個不知道多大的風險。★建立觀念

- 那你覺得，一個人應該要擔心的是那一種狀況？是生病一次門診 300 元，或是一次住院 5 萬 7，還是萬一癱瘓需要被人照顧，每年 80 萬，且不知道付多久？★引導選擇

- 一定是萬一癱瘓，對嗎？

- 可是我們都知道，醫療險的理賠二大要件，必須是有住院，或是有動手術，那若一個癱瘓的人，不需

— 152 —

要住院，也不需要動手術，那該怎麼辦？★**危機感**

- 所以包含政府都積極的在推廣長期照顧的政策準備，因為他們知道，小病小痛不會影響個人或一個家庭太久，造成太大的經濟壓力。

- 但若一個家庭，有一個人需要被每天的照顧，那你想，這個家庭的生活狀況和經濟，會不會有很大的壓力和改變。★**想像情境**

- 可是當一個人發生需要被每日照顧的狀況時，我們過去買的醫療險，卻幫不上忙。★**沒得選擇**

- 所以現在每一個人都在補足醫療險的最後一塊拼圖。★**聚眾效應**

- 根據統計，今年有 78 萬人需要長期照顧，而到了 2050 年則是高達 190 萬人，如果一個家庭平均的成員為 4.58 人，那代表有 870 萬人未來會面對這件事，而 34 年後，我們就是那群需要被照顧的老人，要注意的是每一個人平均一生有 7.3 年的時間無法自理生活，需要被人照顧，以每月 4 萬的花費計算，一個人必須準備 350 萬來因應。★**數字會說話**

- 過去社會孩子生的多，比較沒這個問題，若遇到了，大家互相照顧，但現在平均大家只生一個孩子，若有一天需要時，孩子能放下工作專心來照顧我們嗎？★**擴大**

影響範圍

- 就算他願意，我們也會覺得不忍心，對嗎？★**角色定位**

- 最好的方法，就是養一個看護孩子，萬一用到，不用擔心多花自己錢、給孩子帶來負擔，如果沒用到，那是最棒的，不但健康，還把我們養孩子的錢，還給我們。是不是超好。★**進可攻，退可守**

- 如果我們一輩子都要買一張看護保險，你會不會希望它是最便宜的。★**暗示成交**

- 如果有需要買，當然選擇這輩子最便宜的時候，而且這是第一代推出的長期照護險，沒有什麼理賠率，所以保費是最便宜的！就像十幾年前的防癌險一樣，還沒有太高的理賠率，所以一年都兩三千而已，妳看現在癌症險是不是保費高很多，或許差一年沒差，但差 20 年就差多了。★**擴大差異**

- 這件事情很重要，不只是照顧我們自己，更是替我們下一代解決了一個很大的問題…★**再次擴大**

- 如果現在解決這件事只要花 2,200，就能解決未來一個月兩萬的費用，你要用 2,200 解決還是 2 萬再來解決？★**對比效應**

- 你在幾月幾號的時候會加一歲！既然要買就不要被貴到！所以你想想,如果要的話！最晚在加一歲前跟我說★**時間緊迫**

　　PS：在和原醫療險的客戶接觸時，可以以保險年齡即將加一歲的客戶開始，一方面若客戶有需要，可幫客戶節省一些保費，一方面時間也會幫助客戶較為快速的做出決定。

　　二、頂客族：

　　雙薪家庭，一般來說，夫妻彼此都擁有不錯的收入，但沒有生養孩子的計劃，當然未來也沒有孩子可以照料，當自己年老時，另一半也年老了，除非打算，老人照顧老人，否則頂客族，對於長期照護的需求絕對大於一般人。

　　※ 這樣的家庭，因為沒有孩子，所以可以節省孩子的預算資源，為自己的人生做更多的規劃，而規劃一份長期照護保險，等於像是養一個孩子，當未來有需要時，這個孩子一定會來照顧自己。

　　※ 頂客族對於自己未來的退休生活，通常有較多的想法，也清楚知道自己未來沒有子女照料時，必須為依靠自己的規劃或另一半的照顧。

　　你可以這樣問，這樣談：

- 你和先生的生活真的很令人羨慕，想去哪就去哪，沒有太多家庭上的牽絆，而且家庭的收入完全可以用在夫妻的日常生活和未來退休後的需要。**★讚美現況**

- 夫妻年輕時一起打拼，四處遊玩，退休後也能一起享受退休生活，彼此照顧，真的很不錯，我好奇的請教你一個問題，我們都知道，在人生的各個過程中，總是有一些時候，可能有小病小痛，更可能的是在年紀大後，需要人照顧生活起居，如果有一天有這個需要，你覺得會是誰來照顧你？中間可能是父母、兄弟姐妹，未來更可能的是另一半，對嗎？**★提醒需求**

- 如果有一天，退休了，70歲、80歲了，需要被照顧時，會不會發現不只是自己需要，另一半也需要的時候，怎麼辦？那時的我們，有沒有力氣和能力照顧另一半？**★探討問題**

- 如果這個時候，我們可以請一個年輕，有照護專業的人，在生活上，來照顧自己和另一半，會不會讓退休後的生活，更有品質呢？**★提供方案**

- 若要擁有這樣的品質，你覺得需要準備多少預算呢？根據統計、一個人平均的費用需要350萬，二個人就需要700萬，如果在我們年輕時，一個人、平均一個月只需要4,400元就可以準備這筆350萬的照護費用，

是不是一個很值得和重要的規劃？★**槓桿效益**

- 這樣的規劃，不但可以確保自己和另一半的照顧品質，更可以避免萬一需要時，耗盡了辛苦累積的退休金，變成了看護費用，對嗎。

- 因為我們都清楚，每一個人的退休，都需要考量三件事，第一、足夠的退休金，第二、完善的醫療保障，第三、足額的照顧費用，如果這三層都規劃好了，想想，退休的生活，是不是很值得期待。★**效益呈現**

- 那我讓你看一個規劃範例，讓你參考一下，再依據你的需求和預算做最適合你的調整，好嗎。★**說明建議**

三、感受族：

這個族群因為自己親近的家人已有發生類似的狀況，所以特別有感受，對於長期照顧的潛在需求也特別強烈。

※ 人的思考和想法會隨著每一天的生活感受而不同，當一個人長期身處在照顧人的環境當中，身體和心理的壓力都將特別大，想當然爾，對於失去生活自理能力，而需要被人照顧的認同也比一般人強烈許多，如同單親家庭的孩子，對於未來自己有一個完整的家庭的渴望會大於一般人，一個吃苦長大的孩子，成年後努力的動機大於一般人一樣。

你可以這樣問，這樣談：

- 我想你一定比一般人更能感受，照顧人是一件多麼費心和辛苦的事，但當我們自己的家人遇到、我想如同你一樣，即使再辛苦，我們都還是會選擇照顧我們的家人。★**認同感受**

- 從前的社會因為是大家庭的家庭結構，所以相互彼此照顧，負擔沒那麼大，但現在已是小家庭的家庭結構，每個家庭的人口數都和以前大不相同，每一個人的負擔也更大。★**面臨問題**

- 想想？若是當時我們的家人有做好長期照護的規劃，其實不但家人可以有更好的照護品質，自己也不用被迫改變原本習慣的生活和工作，讓自己有更好的選擇來照顧家人。

- 當然過去的，已來不及規劃，但我們自己絕對可以趁年輕、健康時，為自己把規劃做好，不僅是為了自己，更為了不把這個未來每一個人都要面對的問題，留給別人。★**解決方案**

- 下周找個時間，把一些相關的資料帶給你，讓你參考一下，你聽聽看這樣的規劃是不是你想要的，對你是否能提供一個未來更安心的保障。★**提供建議**

四、愛子族：

這個族群對孩子的未來，都十分在乎，任何和孩子有關的話題，他們都很感興趣，當然也包含了，不讓自己成為孩子人生當中最大的負擔。

你可以這樣問，這樣談 I：

- 在這個少子化的時代，每一個父母都很在意孩子的培養，總是希望給孩子最好的，相信你也是，對孩子一定有很多的規劃，期待他未來是個比自己更有能力的人。**★擴大效益**

- 和你分享一個很有趣的現象，最近我和許多父母聊天時，他們不約而同的提到了要為自己做退休後的長期照顧規劃，雖然我從事保險工作這麼多年，卻也不常聽到客戶主動說要做這類的規劃，聽到的大多是以理財居多，我就很好奇的問了我們客戶，怎麼突然想要做這樣的規劃。**★第三人稱**

- 客戶告訴我，在這個競爭的時代，孩子的未來會比我們更辛苦，我們把自己的規劃做好，一方面可以保障自己，萬一孩子以後沒有能力照顧我們，起碼我們自己還有照顧自己的能力，一方面、我們把自己顧好了，孩子就不會和我們一樣成為三明治一族（上面有父母需照顧，下面有孩子需扶養），孩子以

後的負擔會小一點，尤其是現在我們都生的少，甚至只生一個，如果有一天我們生病了，需要被長期照顧時，當時孩子可能正在打拼他的人生，他一個人怎麼可能辭去工作來照顧二個老人，更何況若他已經有家庭、孩子、也正是人生財務負擔最大的時候，若再加上二個需要照顧的父母，不被逼的喘不過氣來才怪。★情境感受

• 我聽完，覺得客戶講的很有道理，原來現在的父母想的比我想像的多更多，也都開始深刻體認到，未來自己極可能是孩子人生當中，最大的風險之一。★眾人效應

• 所以把自己規劃好，不僅是為了自己，更是為了孩子著想，你覺得呢？★探尋想法

你可以這樣問，這樣談 II：

• 如果有一天我們離開了，我們一生打拼的錢沒有用完，你會留給誰？★假設問句 I

• 我想，絕大部份應該是留給自己的孩子，對嗎？因為若我們自己沒用完，留給孩子，很可能會在他的人生當中，幫他一把。★假設問句 II

• 那假如，有一天你準備要把用不完的 1,000 萬留給孩子，有二種方式，你聽聽看那一種比較好～

- 第一種：就是留現金，但有一個財務上的風險，就是萬一我們年老，需要請專人照顧生活起居時，我們當然會動用這筆現金，以一個人一個月需要 4 萬元和平均被照顧 7.3 年來計算，兩夫妻就會用掉 700 萬，剩下的 300 萬就一樣留給孩子，這是現在的平均值，若超過這個金額或照顧年期，那 1,000 萬可能會完全用完，甚至不夠，不夠的部份，當然就由孩子來負擔。**★未規劃**

- 第二種：我們把這筆一千萬的現金劃分為 200 萬和 800 萬，其中 200 萬用來規劃自己和另一半的長期照護保障（還可以分 20 年慢慢放進這個專屬帳戶），萬一用到了，每一年由保險公司支付 100 萬的看護費用，讓自己和另一半享有最好的照顧品質，孩子只需要經常來看我們，不用負擔費用，也不需改變他的生活，另外 800 萬的現金，未來還是留給孩子，如果終身我們都不需要被人照顧，那是最棒的，那不但 800 萬的現金留給孩子，連同原先規劃 200 萬資金的長期照護保障費用，也全部退還，還加計 6% 利息。**★有規劃**

- 你覺得這二種方式，那種方式是最好的？**★詢問想法**

- 如果你也覺得第二種方式是最好的，下周我把一些相關的企劃資料讓你參考看看～**★提供建議**

PS：以上的數字及比例是以本章安心先生保障總表左側企劃範本為例，市場上各家壽險公司均有許多相關商品，其內容大同小異，從業人員可以將自家公司商品套入，微調數字及內容即可。

五、獨子族：

這個族群為家中的獨生子女，從小備受父母家人疼愛，100% 擁有父母的愛，在成長後，也慢慢清楚未來孝養父母的責任，沒有人會來分攤，肯定在自己身上。

你可以這樣問，這樣談：

- 你是獨生子女，從小到大、我想父母親對你一定是最疼愛的，什麼都給你最好的，從小到大，若是有不舒服，需要被人照顧，父母親一定是費心費力的照顧你。★**喚起記憶**

- 當我們有一天長大了，父母親通常也有一定的年齡了，如果未來父母親需要被照顧，你會不會去照顧父母親，我相信一定會，對嗎？★**提醒責任**

- 那你有想過，如果那一天來了，你會選擇那種方式照顧父母，第一種：辭去工作，全心照顧父母親，第二種：一個月花 4 萬元請一位專業的看護員照顧父母親。★**情境思考**

- 如果是第一種，辭去工作事小，能自己全心的照顧父母是我們也最放心的，但想想我們並不是一個受過專業訓練的照護人員，我們親自照顧，真的能給家人最適當的照護嗎？如同，我們會把孩子送去學校，讓老師教育，因為老師對於教育有比我們更專業的養成和訓練，而父母親扮演的則是在家庭的照顧與陪伴的角色，相同的，如果在未來父母需要被照顧時，我們除了自己抽空陪伴外，其餘的時間，讓專業的人來給父母最好的照護品質，是否對父母更有幫助，也讓自己的生活能維持在常軌，這樣的方式，才能給家人持續、穩定，且好的照顧品質，你說對嗎？

- 第二種，請一位專業的看護員來照顧，但我想絕大多數的人，都會面臨到龐大且持續支出的費用問題，如果一個月平均花費 4 萬元來照顧父母親，對你會不會產生，經濟上的壓力。

- 如果我們知道未來我們一定會面對，且不會有人和我們分擔這個責任，若是有一個方法，可以讓你比較輕鬆的做好準備，在父母親需要時，能立即給予最好的照顧，且不會造成你的經濟負擔，若是父母親都不需要，那當然是最好的，最後再把你過去準備的這筆費用，原封不動的還給你，你覺得這樣是不是一個最好的方法。**★解決方案**

- 我過二天把這個計劃的內容和你分享，你參考過後，再做決定，好嗎？★**提供建議**

在上述五個長期照護險的潛在族群示範後，相信大家不難發現，長期照護絕對是每一個從業人員不可忽視的區塊，尤其是相較於幾乎人人都已有醫療保障的同時，長期照護險的投保普及率僅 2%，不但是一個極具開發潛力的需求市場，也代表著業務經營上的絕佳機會，更是每一個客戶醫療保障的最佳延伸，加上少子化、老年化的人口結構日趨嚴重，都將不斷的加深民眾對於長期照護保障的實際需求，每一個從業人員更有義務去提醒自己現有的客戶、朋友們及早去架構好醫療險的最後一塊拼圖，讓自己的醫療、意外及長照保障完整且足夠。

每一個人都會老，未來需要被人照顧是確定的，更何況每一個人需要被照顧的時間可能長達 7.3 年，所需的平均花費高達 350 萬，我相信、幾乎沒有人會先準備一個未來老時需要被人照顧，用以支付的帳戶，因此長期照護險的規劃顯的格外重要，**對於客戶來說，更重要的是，這件事，並不會因為我們是否有規劃而選擇來與不來，長期照護保險是每一個人，人生尊嚴的最後防線，我們常說醫師救的是病人，保險救的是家人，而保險業務員則是見証愛的人**，每一份完整、足額的保障，

都是讓我們在面臨風險來臨時，多一個選擇的權利，增加一分活的好的機率。

　　業務員，每銷售一份保單，就是為一個人、甚至一個家庭架構一張防護網，業務員苦口婆心的說，做不做在客戶，業務員在銷售保單時，一定要保持有良好的心態和角色定位，針對客戶的需要提出建議，被拒絕其實也是我們工作的一部份，但客戶拒絕的不是我們，是拒絕當下他認為不需要或不急的建議，業務員要不斷思考的是，為何客戶沒有接受我們提出的建議，再加以調整自己的行銷技巧，但人每一天的想法，會隨著遇到的事，看見的人，感受到的感覺不同而產生變化，若當下未締結，也一定要和客戶保持規律性的接觸及資訊的提供，等待客戶想法改變的時機點，那締結就只是時間的問題，以我的經驗，一個客戶是禁不起拒絕業務員七次的。

　　永遠牢記『沒有成交不了的客戶，只有用錯方法的業務員』。

第五章

儲蓄險行銷流程

觀念開場：儲蓄救退休，年輕人最缺的第一桶金

◎第一段

　　退休會不會是一場騙局

◎第二段

　　退休三來源，架構你的完美退休人生

◎第三段

　　改掉呆想法，富人法則人人都做的到

◎第四段

　　全球化的貨幣資產配置

◎第五段

　　一張報表，化繁為簡

◎第六段

　　年輕人、你的名字是財富

◎第七段

　　運用財務計算機，切入話題，精準估算各項數字及缺口

前言

　　投資理財一直以來都是每一個人關心，但時常忽略的事，我們也都知道，在人生各階段裡，都有不同的財務需求，從進入社會開始，會有儲蓄、投資、購車、換車、結婚、生子、購屋、換屋、子女教育、父母奉養、家庭旅遊、退休準備、財富傳承等等。

　　如何透過精準的計算、評估，及採用適當的工具來為未來做準備，就顯得格外重要，**保險是眾多金融工具的其中一種，而且有它十分獨特的特性，是其他工具所沒有的，例如：能依契約的預定利率來固定的支付生存金及設定的時間一到保証實現等等，所以它十分適合來做一桶金或是退休金的準備，**尤其是退休金的準備，因為退休不能重來，也不能冒太大的風險，而儲蓄險因為年期及給付方式不同，也稱生死合險，或養老險，類似零存整付的概念，透過工具積少成多，且提早準備，就能用最少的成本，達到理想的目的，而年期的設定，必須和財務目標配合，例如：規劃買房的頭期款和未來的子女教育金或退休金，年期的長短一定是不同的，而**談儲蓄觀念時，可以從二個民眾最關心的角度切入，第一是『人生第一桶金』，第二是『退休金』，**當然不同的年齡層關心的議題不同，剛出社會的年輕人，才剛就業，對於退休金的議題急迫性不夠，他們往往關心的是

『人生第一桶金，創業金』等等，超過 40 歲以上的中產階級，因為已經有穩定的收入及一定的資產累積，在家庭成員上也幾乎確認了（超過 40 歲後，再生養孩子的機率大幅降低），這時他們，更在乎未來退休後，是否有足夠的退休金來支付退休後想要的生活品質，因為通貨膨脹，現值的 1,000 萬，在 20 年後，若計入每年預估的通膨 2%，事實上只剩現值 672 萬的價值，所以在這一個章節裡，我們不但要能創造話題，更要能在創造話題後，為客戶精準計算出未來各項支出的數字及缺口，當客戶體認到時間的急迫和數字的龐大時，才會產生開始規劃的行動。

在過去客戶或是業務員在買和賣保單的當下，有想過這份保單所帶來的效益，和自己的人生規劃有什麼關連嗎？業務員是否能引導客戶去思考，未來在人生各階段應該要做的規劃和如何規劃及資金配置嗎？

『沒有人計劃失敗，但都失敗在沒有計劃』，任何一個計劃必須要有幾個條件，才能成功，首先計劃要有清楚的目的、精準、有數字、有時間性、更有工具的選擇和中間過程中的檢視與調整。

尤其是一個人，一生的財務計劃，當我們進入社會後，會買車、換車、購屋、換屋、結婚、旅遊、子女教育和未來自己的退休規劃，財富傳承，當然還有最重要

的『風險管控』。

　　以大部份人一生中最在乎的三件事（購屋，子女教育和退休）為例：極少數的人，會真正去計算需要的數字和如何籌措，大多是遇到再說。在我們推薦客戶透過商品的規劃過程中，必須清楚的讓客戶知道這個規劃和他所在乎的財務目標之間的關係，當有人告訴你，這個計劃是為你的退休做的，你不妨問他，若你準備在 60 歲退休，預計有 25 年的退休生活，每個月需要退休前一個月的 7 成月薪來維持退休生活，那我應該要準備的那一筆錢是多少，這筆錢在退休後，需要考量的報酬率及通膨預估為多少？而這次你幫我做的規劃，佔這筆錢退休金的比例是多少？在我距離退休還有 20 年的時間裡，我該每月提撥多少預算，在一個預估的報酬率下，可以完成我的退休計劃？

　　當你都知道，對方也都能回答時，其實我們才算真正開始為自己的退休規劃著手了。一位全方位為客戶規劃的從業人員，當然必須擁有這樣的能力，在第五章的最後，我會告訴大家如何運用財務計算機，精準的計算出客戶各項財務計劃，和所需要投入的資金。

　　記得，每一個計劃的數字，和預計實現的時間，必須是由客戶提出，因為是客戶自己想要的數字和時間，在後續的規劃建議上，客戶就不會有不應該出現的反對

問題，但若客戶所提出的數字和時間偏離可行性太遠，業務員也要適時加以建議調整。

例如：客戶 25 歲進入社會，希望在 30 歲時，擁有人生的第一桶金 100 萬，以最簡單的零存整付，儲蓄的方法來計算，有 6 年的時間，每年應儲蓄 166,666 元，才能達到 100 萬的目標，當時間，金額是客戶說的，客戶對於需要投入的資金和年期，就會有一定的概念，也讓業務員和客戶討論的過程中，更能針對客戶的需求來做討論。

觀念開場：儲蓄救退休，年輕人最缺的第一桶金

如果你有 100 萬，你是什麼感覺？最想做什麼事？
這是我經常和年輕客戶開場時的問話，這個問題，通常
客戶會開始滔滔不絕的說出一堆的感覺和計劃，例如：
有 100 萬，會讓自己覺的比較有財務安全感，讓自己覺
的自己的財務目標有在前進，有在累積，更誇張的會
說，有 100 萬，人生才有希望，也有人說，如果有 100
萬，當然要先買一部好車，或是好好的出國玩一趟，不
管是什麼，都是每個人想做的事，但再接著往下問，那
你工作了這幾年，有沒有存到 100 萬了，客戶往往就答
不出來。

其實一個年輕人存 100 萬真的不是難事，只是有沒
有去實踐，**和客戶互動時，你可以這樣說，你有沒有聽
過，年輕人存不了錢的二大迷思嗎？**

第一：是沒有規律的儲蓄習慣，有剩才存，沒剩就
不存，存三個月，停二個月，這樣的方式，當然不容易
讓自己存的到錢。

第二：是沒有一個好的工具，想想，我們在銀行活
存的錢有多少？通常都不多，為什麼不多，因為很容易
領，對嗎？按密碼，錢就吐出來，這樣錢怎麼存的住，
這就是為什麼有人把買房子，繳房貸當存錢的原因，因

為每個月一發薪水，就從帳戶自動轉走，你還沒發現，它就轉走了，讓錢不知不覺的轉入一個不容易拿的帳戶，錢自然而然就能存的下來。

儲蓄的目的是什麼？是讓我們需要時，有錢可用、有機會可抓住，我常說，年輕人缺的不是小錢，而是一筆大錢，三、五仟元我們隨時都可以拿的出來，但三、五十萬大部份的年輕人肯定會有困難，但我們想想在這個三低 (低起薪，低成長，低利率) 時代，年輕人要如何能有效的翻身，除了靠工作上的努力外，加快儲蓄和理財的速度，為自己加薪及把握可能的機會，絕對是一個好的途徑。

想想，一個例子，二個人生、若甲乙二人同時進入職場，同樣都是月薪 3 萬，甲透過六年的積極的儲蓄 (月存 13,888 元即可達到六年百萬存款)，擁有 100 萬的存款，乙則是有多少，花多少，存款數字依舊是零，在六年過後，甲的 100 萬存款，若放在預估年報酬 6% 的工具上，每年可為甲創造 6 萬非工資收入，等於甲的月收入由 3 萬提高為 3.5 萬，而乙依然是 3 萬。

在現在的社會經濟環境下，許多年輕人都有創業的夢，因為拿老闆的薪水，我們都知道，吃不飽，卻也餓不死，不要說去實現什麼夢想，可能連一間安身立命的房子都買不起，但創業需要什麼？最基本的就是本錢，

一個年輕人若空有想法，卻沒有資本，肯定不容易實現，或許現在我們還不確定自己真的想做什麼，但記得一定要先強迫存下圓夢金，當我們真正清楚知道時，起碼我們立即有資本可以支持我們去實現，一個年輕人，很可能因為一個機會，一個創業就此翻身，但若沒有，我們就無法放下目前的工作和收入，因為每個月有固定的支出要支付，若你有一天也希望機會來臨時，能掌握機會，實現夢想，那就開始存錢，開始存下你人生的第一桶金。

◎第一段
退休會不會是一場騙局

退休是每一個人在工作職涯結束後，都會遇到的，人生有許多的花費，可以省，但唯獨退休省不了，我們可以不買房子、可以不開車子、可以不生孩子、可以不旅行、但你如何能不退休，而退休代表二件事的發生，第一：收入中斷，第二：支出增加（尤其是醫療費用的支出）。

　　大部份民眾最仰賴的退休金來源之一，就是社會保險（包含了勞保，公保，軍保等等），但因人口結構的改變，老年化、少子化、讓每一個社會保險都面臨了相同的破產問題，在過去，因為經濟狀況好，及年輕的勞動人口結構，政府稅收豐沛，造就了年金制度的繳付失

衡，即是繳的少，領的多，繳的短，卻領的長，在過去這二十年來，生育率大幅下降，人口老化的過程，卻沒有因時制宜，調整制度，導致目前年金制度面臨了支出大於收入的龐大赤字。

根據 2014 年中央政府總決算審核報告統計：中央地方潛藏負債超過 18 兆，而各項社會保險都相樣面臨入不敷出的問題，先出現赤字，接著逐一破產。

→軍保在 2011 年出現赤字，預估 2019 年破產。

→教師在 2014 年出現赤字，預估 2026 年破產。

→公保在 2015 年出現赤字，預估 2030 年破產。

→千萬勞工的退休金，勞保預估 2027 年破產。

→無任何社會保險者投保的國民年金，預估 2046 年破產。

過去沒有發生過，不代表未來不會發生，今日希臘，會不會是明日的台灣？在 2015 年希臘正式債務違約，政府破產，公務員領不到薪水，退休金，全國實施資本管制，到提款機每天只能領到限額 60 歐元時，民眾驚覺，原來破產這件事，真的會發生，在台灣的我們，其實面對的挑戰，比希臘更艱鉅，因為我們的年金退休制度，比起希臘而言，更加優惠、寬鬆。

　　這一代的年輕人，開始思考，我們現在繳的每一塊錢，未來領的到嗎？以勞保年金為例，若 25 歲的年輕人，2016 年進入職場，開始繳勞保保費，預計在 65 歲，也就是 2056 年開始，領取投保 40 年的勞保年金，但若不改革，其實勞保在 2027 年就破產了，在 2056 年根本沒有勞保年金這件事。

　　可想而知年金的改革是必須的，也是一定會進行的，而改革的方向是什麼？對我們的影響又是什麼？所有的年金破產危機來自於，收入和支出，一方面、收入因少子化而愈來愈少，一方面、支出因老年化而愈來愈多，**所以未來年金的變革方向，大致上分為『繳多，領少，繳長，領短』四個方向。**

　　繳多：就是提高保費費率，以現行勞保為例，2015 年費率為 10%(含 1% 就業保險費)，之後每二年調高 0.5% 至 2027 年的法定上限 13% 為止，但勞保若要永續經營，試算勞保最適費率為 27.84%，高出法定上限一倍有餘，未來的改革，可能將法定上限再向上提高，而提高的結果，就是每位勞工必須再多增加每月的保費支出，來確保未來自己有勞保年金可領。

　　領少：現行勞保年金的領取方式分為 A 式及 B 式擇優給付。

A 式為：

最高 60 個月平均月投保薪資 × 年資 × 0.775% + 3,000。

B 式為：

最高 60 個月平均月投保薪資 × 年資 × 1.55%。

未來年金改革的可能方向，可能是再拉長平均投保薪資的年限，甚至是將給付率由 1.55% 調整至適當比率，但不論是如何調整，領的比現制少，是避不了的方向。

繳長：現行勞保年金為年滿 60 歲，保險年資合計滿 15 年即可請領勞保年金，而在 2009 年勞保年金施行之日起，第 10 年（即 2018 年）提高 1 歲（為 61 歲），其後每 2 年提高 1 歲，至 65 歲為止（即民國 2026 年），簡單的說在民國 51 年 (1962 年) 出生的勞工，都是在 65 歲才以請領勞保年金，而延長退休的年齡是世界的趨勢，歐洲許多國家已延長至 67 歲為法定退休年齡，未來勞保年金的請領年齡將也可能考量再延長請領的年齡，以舒解勞保年金的財務壓力。

領短：當法定的退休年齡向後延，在一定的平均餘命下，當然領取的年金時間就會相對的較短。

退休會是一場騙局嗎？我想不至於，畢竟是關乎到

每一個人未來的生存所需，但若要退休年金制度能永續存在，適度依照現在社會的人口結構及經濟條件做出調整，相信是一條絕不可能避免的路，**身處在這個時代的我們，不能只是被動的接受結果，而是更要主動的去補足可能的缺口，在未來退休的那一天，才會是我們期待的那一天，而不是恐懼的那一天。**

◎第二段
退休三來源，架構你的完美退休人生

在我們退休的那一天，我們會有幾個退休金來源，每一個來源加總後，是否能符合我們理想中的退休生活，則是每一個人都關心的事。

以近千萬的勞工為例：未來退休的二個主要來源～

第一：為我們每個月繳納勞保費，至我們退休那天可領取的勞保年金（**適用勞工保險條例**）。

　　勞保費計算公式為：

　　員工自付金額＝月投保薪資 × 保險費率 × 負擔比率 20%。

　　雇主負擔金額＝月投保薪資 × 保險費率 × 負擔比率 70%。

　　政府補助金額＝月投保薪資 × 保險費率 × 負擔比率 10%。

　　勞保費負擔比例為：

雇主 7 成，勞工 2 成，政府 1 成。

勞保投保薪資分為：20,008 元～ 45,800 元共 20 級。PS：2016 年 5 月 1 日實施。

勞保費率：自 2015 年（即民國 104 年）為 10%，之後每 2 年調整一次，幅度為 0.5 個百分點，

調整至 2027 年（即民國 116 年）達到 13% 法定上限為止（含 1% 就業保險）。

勞保年金實施日為：2009 年（即民國 98 年）1 月 1 日起實施。

勞保年金請領資格：分為三種狀況

1. 老年年金給付：年滿 60 歲，保險年資合計滿 15 年，並辦理離職退保者。

2. 老年一次金給付：年滿 60 歲，保險年資合計未滿 15 年，並辦理離職退保者。

備註：請領年齡逐步提高：自 2009 年（即民國 98 年）勞保年金施行之日起，第 10 年（即民國 107 年）提高 1 歲（為 61 歲），其後每 2 年提高 1 歲，至 65 歲為止（即民國 115 年）。

民國 出生年	46 年 （含）以前	47 年	48 年	49 年	50 年	51 年 （含）以後
法定 請領年齡	60 歲	61 歲	62 歲	63 歲	64 歲	65 歲

※ 上表為各年齡層可領取勞保年金簡表

3. 一次請領老年給付：被保險人於 98 年 1 月 1 日勞工保險條例施行前有保險年資者，於符合下列規定之一時，亦得選擇一次請領老年給付，經本局核付後，不得變更：

（1）參加保險之年資合計滿 1 年，年滿 60 歲或女性被保險人年滿 55 歲退職者。

（2）參加保險之年資合計滿 15 年，年滿 55 歲退職者。

（3）在同一投保單位參加保險之年資合計滿 25 年退職者。

（4）參加保險之年資合計滿 25 年，年滿 50 歲退職者。

（5）擔任具有危險、堅強體力等特殊性質之工作合計滿 5 年，年滿 55 歲退職者。

（6）轉投軍人保險、公教人員保險，符合勞工保險條例第 76 條保留勞保年資規定退職者。

第二：為雇主每個月為勞工提繳薪資 6% 的**勞退新制**

（適用勞工退休金條例）。

勞退新制負擔比例為：雇主 100%。

勞退新制提繳薪資為：20,008 ～ 150,000 元。

勞退新制實施日為：2005 年 7 月 1 日實施 (即民國 94 年 7 月 1 日)。

勞退新制請領資格：勞工年滿 60 歲即得請領退休金，提繳退休金年資滿 15 年以上者，應請領月退休金，提繳退休金年資未滿 15 年者，應請領一次退休金。領取退休金後繼續工作提繳，1 年得請領 1 次續提退休金。另勞工如於請領退休金前死亡，可由遺屬或遺囑指定請領人請領退休金。又勞工未滿 60 歲惟喪失工作能力者，得提早請領退休金。

第三：**自行準備。**

理想的退休金數字，在扣除勞保年金及勞退新制往往都還有一大段的缺口，若以聯合國建議的退休所得替代率為退休前月薪的 7 成來計算，每一個人幾乎都需要再透過自行準備來補足這個缺口，這個缺口，若以 1,000 萬來估算，在相同的預估報酬率下，不同的時間開始準備，經常是天差地遠。

以報酬率 6% 估算，到 65 歲要累積 1,000 萬的退休金，不同年齡每個月須要投入的金額分別為：

25 歲時為『4,996 元』，30 歲時為『6,984 元』，40 歲時為『14,358 元』，50 歲時為『34,215 元』你一定發現了，時間是你最好的朋友，如果這是一筆一定要準備的錢，愈早開始，投入的資源愈少，如果說要找一個開始為退休準備最好的時間點，那就是工作的第一天就開始。

◎第三段
改掉呆想法，富人法則人人都做的到

每一個人都希望未來退休前，能達到財富自由的理財目標，我們也都知道有錢人之所以能快速累積財富，是因為『有錢人和你想的不一樣』，那有錢人都怎麼樣思考和運用金錢的，其實我們只要能加以學習富人四顆蛋法則，調整一下自己的思考方式，透過理財，累積財富、其實很簡單。

首先我們先想想要如何重新排列『收入、支出、儲蓄、投資』的先後順序，選擇最適合的順序配置。

※ 第一顆蛋為『先支出，後儲蓄』：而這也是絕大多數的人習慣理財方式，在每月領到薪資時，我們往往會先支出，把所有需要支付的錢付完後，若有剩就存起來，若沒剩、當月就是月光族，甚至動用過去的存款，而用這種方式理財，因為每個月的花費不一樣，有高有

低，就導致每個月可以存的錢也不一樣，當然就無法準確的達到設定的理財目標，而用這種方式理財的人，往往會陷入『財務困境』。

　　※ 長久以來，我們也發現這樣不是個好辦法，於是許多人開始改變順序，讓自己每個月領到收入後，用**第二顆蛋的模式，『先儲蓄後支出』**，也就是先支付給自己一個固定的比例或金額，剩下的才可以用來支出，這樣的改變，就可以讓自己在一段時間裡，確認能存下的金額，這個改變看似不錯，但因為長期的低利率及每年的通貨膨脹，折損了金錢價值，所以雖然先儲蓄後支出可以存下錢，但卻面臨通貨膨脹的威脅，若只是讓錢躺在帳戶裡，可能就是最大的風險，而用這種方式理財的人，未來依然會面臨『**財務援助**』。

　　※ 那在低利率的環境下該怎麼辦呢？這時若採用**第三顆蛋的模式『先儲蓄，後投資，再支出』**就可以解決這個問題，加入了投資比例，可以讓財務，先在儲蓄保本的狀況下，再去創造更好的報酬率，以抵禦通貨膨脹，最後再去支出，這樣應該沒問題了吧？但想想？這三個步驟是在我們確定有工作，有報酬時才能成立，但若在人生各個階段發生了突發風險，不論是疾病或意外，導致收入暫時，或永遠中斷，同時支出增加時，那儲蓄還能進行嗎？投資還能持續嗎？支出還能正常嗎？所以『先儲蓄，後投資，再支出』還是會因為人生可能

的風險，面臨『財務風險』。

　　※ 所以富人的做法是第四顆蛋，『先儲蓄、後投資、再支出』最後以『保險』來保障萬一風險發生，導致收入中斷，支出增加時，保險獨特的財務槓桿，就能讓儲蓄計劃不中斷，投資計劃能持續，日常支出能正常，先把風險排除掉，我們在理財上的計劃，才不致重來。

　　請問你，你目前的理財方式，是那一個顆蛋呢？

四顆蛋理論

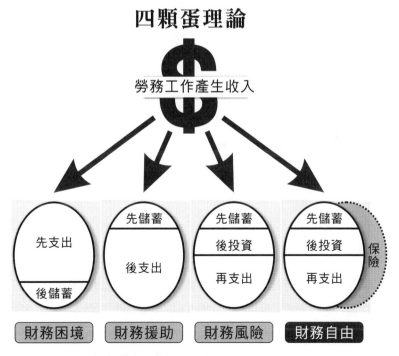

勞務工作產生收入

| 先支出 | 先儲蓄 | 先儲蓄 | 先儲蓄 |
| 後儲蓄 | 後支出 | 後投資 再支出 | 後投資 再支出 保險 |

財務困境　財務援助　財務風險　**財務自由**

完善保險規劃，以保障你的財務運作

◎第四段

全球化的貨幣資產配置

在全球化的世代裡，資產的配置也需要與時俱進的調整，除了自己國內使用的貨幣外，配置外幣保單資產，也成為資產配置中不可或缺的一環，當然它也和需求息息相關。

為何要配置外幣保單資產，不外乎三個關鍵因素：

第一：外幣保單因為適用的設計條件不同，往往在預定利率或是宣告利率上，高於現行台幣保單，當預定利率或是宣告利率較高時，在相同的保障之下，也代表保費較為低廉，當然產生的效益就會更好。

第二：因為是外幣計價，當然就有換匯時的匯率波動因素，所以在持有外幣保單時，就可能產生『匯差益或匯差損』，因此在配置外幣保單時，也必須考慮當下保單幣別的匯率相對點位，並參考過去該貨幣的歷史高低點，貨幣未來可能的走勢，加以判斷後，選擇最佳的持有介入點。

第三：對於該貨幣的實際需求，這也是選擇配置外幣保單最重要的因素，如果持有的原因是因為需求，那原則上就沒有匯差益或匯差損的問題，因為會產生匯差益或匯差損的狀況，是因為有一天需要把外幣換回本國

幣，但若持有外幣的原因，是因為未來的使用需要，當然就沒有換回的打算，那存外幣、用外幣、哪有匯率的問題，例如：客戶未來子女有出國唸書的需求，若要使用美元為主，那請問？如果明天孩子就要出國唸書繳學費了，我們會因為美元漲了，就不換了嗎？一樣的，如果明天我們要出國旅遊，必須兌換外幣，會因為外幣漲了，就不去了嗎？我想都不會。

從業人員在銷售外幣保單時，經常往往會陷在匯率波動的問題上，有時甚至和客戶說，這個外幣很安全，絕對不會跌等等，我想，都不是最好，也不是一個恰當的說法，因為沒有人能預測明天匯率的漲跌，更何況是好幾年後，因此，**在銷售外幣保單，最好的做法，是了解客戶的需要，並建立在客戶對於外幣保單的需求上，也唯有建立在真正的需求上，客戶對於匯率上的波動，才不會時時在意，甚至有錯誤的期待和誤解，導致未來可能的糾紛**，當然適度的去說明，分析各種外幣的特性，讓客戶有客觀，充足的資訊能去判斷、選擇、也是件很重要的事。

以目前市場上銷售的外幣保單，以美元為主流及最大宗，而人民幣，歐元、澳幣計價的也都有，但美元計價的外幣保單，因為美元的國際貨幣地位，依然是大多數人選擇外幣保單的首選，接下來，我們就以美元為

例，來說明銷售外幣保單的關鍵步驟。

這麼多不同幣別的外幣保單，為何美元是最主流，有二大原因：

第一：**美元為國際通用的貨幣**，不論是各種國際交易或是金融商品，期貨商品的計價，絕大多數採用美元結匯計價，也因為這個原因，美元擁有幾乎是無可取代的需求性，當然一個貨幣有強大的需求支撐時，對於該貨幣匯率的穩定度，也就和一般貨幣不同，當然以需求性來看，客戶不論是出國旅遊，子女出國唸書的需要，甚至是退休後移民的需求，美元都是最優先的配置選項。

第二：**美元匯率的穩定度與強勢趨勢**，在 2008 年金融風暴時，為了維持資本市場上的資金流動性，及刺激低迷的經濟，美國當時利率由 5.25%，一路下調至 0～0.25%，並從 2008 年 11 月起至 2014 年 10 月、並實施了 6 年的 QE，在市場上放出了史無前例的美元，才讓美國經濟得以緩慢復甦，在 2015 年 12 月 17 日美國展開近十年來的首度升息，升息一碼，把利率由原本的 0～0.25%，上調為 0.25%～0.5%，正式宣告美國經濟的復甦及升息之路，降息與升息都是一個大景氣環循下的做法，當經濟回歸常軌時，經濟體就會開始依照經濟狀況慢慢升息，並將利率升回到一個正常的水準，一方面

平衡經濟的熱度，控制利率及通膨，讓經濟不致產生過熱，甚至開始產生泡沫，一方面若未來再次遇到金融風暴時，才有利率的空間可以再次調節。

美元在 2015 年開始，因為國際經濟因素，遇到了得天獨厚的獨強機會，造成了美元將持續走強的趨勢，原因簡述為以下幾點。

第一：**美國頁岩氣革命**，提升了美國的石油自給率，甚至讓美國從原本的石油輸入國，成為了石油輸出國，並自 2015 年 12 月 18 日解除了自 1975 年開始實施近 40 年的石油出口禁運，而其中省下大量的購油成本，也改善了美國的貿易赤字，讓政府財政更為強健。

第二：**美國製造業因著頁岩油技術讓能源、製造成本大幅降低**，在美國本土可取得相對低廉的成本，中國的製造成本又不斷上升的同時，造成了二國的製造成本相去不遠，因而製造業開始大舉回流美國，當然還有 3D 列印技術。

第三：**美國於 2015 年 12 月正式走向升息之路**，但同時，中國、歐盟、日本三大經濟體，因為經濟不振，各自全面實施貨幣寬鬆政策，降息，甚至於日本成為亞洲第一個實施負利率政策的國家，一來一回之間，全世界熱錢，全面性重新擁抱美元，也導致美元指數由 2011 年 4 月的 72.9 的低點，一路上漲至 2015 年 7 月的

97.2 的高點。

　　美元的走強會延續多久，不論上述的原因，其實就是回到『供需原則』，只要美國走入升息循環，市場對美元的需求就會持續增加，而 FED 終止 QE 後，等於大量減少了市場上美元的供應，當供應減少，需求增加，貨幣價值自然走強，當然除了美國本身的經濟因素外，也和中國、日本、歐盟寬鬆的貨幣政策息息相關，以美國 QE 近 6 年的時間，若中國、日本、歐盟也需要相同的時間，透過 QE 來等待經濟回到常軌，那未來 6 年，甚至更長的時間，美元強勢的地位，將不難預期。

　　我們都清楚，在資產配置上，要把『資產放在強勢貨幣，把負債放在弱勢貨幣』，綜觀國際經濟情勢，在未來幾年內，美元都會是一個相對性穩定且強勢的貨幣，美元保單為何在許多外幣計價保單中，得到最多的青睞，也就不難想像。

◎第五段
一張報表，化繁為簡

　　當從業人員在說明公司建議書時，如何專業、準確的化繁為簡，讓客戶能在一堆數字中，清楚的知道一份建議書的關鍵數字，就顯得非常重要，當然若是外幣計價的保單，客戶也需要知道在繳費期間，及滿期後，保單的現金價值可能會因匯率波動而產生的『匯差益或匯差損』，以做為承受匯率波動的參考。

　　以下頁這張總表，是幫助業務人員自己先做好關鍵數字的整理分析，以在說明公司正式建議書，讓客戶能清楚每一份規劃案的具體數字。

　　計劃總表說明示範練習 (本案例以 35 歲男性，某壽險公司利變型美元保單商品為例)：

『美元資產配置』利變型美元保單分析一覽總表	
計劃別	計劃一
年期	**6 年**
保額	**5.2 萬美元**
月繳金額	877 美元
年繳金額	**9,971 美元**（已享有 1% 高保額，原保費為 10,072 美元）
年繳較月繳總計節省	3,318 美元
總繳金額（以年繳計算）	59,826 元轉帳後折扣 1%=**59,228 美元**，約 **192.5 萬**
期滿時現金價值	**62,890 美元（40 歲）**，約 **204.4 萬**，差額 **11.9 萬**
滿期時**現金價值變動**分析	**2,879 美元↑（41 歲）**
至 55 歲時現金價值	**107,344 美元，約 349 萬，差額 156.5 萬**
55 歲現金價值變動分析	**3,823 美元↑ / 年**
至 65 歲時現金價值	**152,308 美元，約 495 萬，差額 302.5 萬**
計劃優勢	一、只有確定未來，沒有投資虧損風險。 二、終身壽險保障。 三、滿期現金價值大於總繳保費，期滿後不需再繳保費，現金價值依然持續依宣告利率增長。 四、銀行帳戶轉帳，每年均享 1% 保費折減。 五、除享有固定預定利率外，還可以享有『宣告利率與預定利率』中間差額之增值回饋分享金，且宣告利率最低不得低於預定利率。
備註	一、上述美元、台幣換匯以 1：32.5 為範例，2016 年 06 月 21 日，美元、台幣匯兌為 1：32.195。 二、美元計價保單需注意匯率波動因素，可能產生匯差損或匯差益，導致本金可能有所損益。
2016/06/21 台灣銀行台幣 & 美元利率宣告	台幣活存：0.26%，一年期：1.15% 美元活存：0.05%，一年期：0.9%

『美元資產配置』利變型美元保單分析一覽總表	
計劃別	計劃二
年期	**10 年**
保額	**8 萬美元**
月繳金額	886 美元
年繳金額	**10,074 美元**（已享有 1% 高保額，原存 10,176 美元）
年繳較月繳總計節省	5,580 美元
總繳金額（以年繳計算）	100,740 元轉帳後折扣 1%=**99,733 美元，約 324 萬**
期滿時現金價值	**110,664 美元（44 歲），約 359.7 萬**
滿期時現金價值變動分析	**3,941 美元↑（45 歲）**
至 55 歲時現金價值	**162,620 美元，約 528 萬，差額 204 萬**
55 歲現金價值變動分析	**5,790 美元↑／年**
至 65 歲時現金價值	**230,743 美元，約 750 萬，差額 426 萬**
計劃優勢	一、只有確定未來，沒有投資虧損風險。 二、終身壽險保障。 三、滿期現金價值大於總繳保費，期滿後不需再繳保費，現金價值依然持續依宣告利率增長。 四、銀行帳戶轉帳，每年均享 1% 保費折減。 五、除享有固定預定利率外，還可以享有『宣告利率與預定利率』中間差額之增值回饋分享金，且宣告利率最低不得低於預定利率。
備註	一、上述美元、台幣換匯以 1：32.5 為範例，2016 年 06 月 21 日，美元、台幣匯兌為 1：32.195。 二、美元計價保單需注意匯率波動因素，可能產生匯差損或匯差益，導致本金可能有所損益。
2016/06/21 台灣銀行台幣＆美元利率宣告	台幣活存：0.26%，一年期：1.15% 美元活存：0.05%，一年期：0.9%

總表各欄位重點說明：

計劃別：在每一個規劃案中，切記永遠讓客戶有二個可能思考的方向，也就有二個可能的選擇。

年期：以六年期及十年期二個年期為範例，這二個年期通常也是客戶接受度最高的年期，**永遠別忘了年期的設定與選擇，一定要和客戶的需求目的結合，年期沒有長短的問題，只有是否合適的問題**，若客戶在初期並沒有特別思考目的性，業務員則必須盡可能引導客戶思考後再決定。

保額：初期的約定保額，需注意保額若不是固定不變時，則需加以說明各年度保額的變化狀況。

月繳金額：顯示月繳的金額。

年繳金額：顯示年繳的金額（若該商品有相關的高保額或高保費的保費折減，則可讓客戶知道他享有的權益及原始的保費金額，以拉出商品的獨特性及優勢）。

年繳較月繳總計節省：月繳與年繳之間，保費一年有 5.6% 的差額，而 6 年總計則乘上 6，10 年總計則乘上 10，讓客戶了解年繳較月繳總計可節省的金額，在客戶的能力範圍，建議客戶可以年繳的方式來規劃，才能產生最大的效益，在建議書數字呈現上，都是以年繳的方式呈現，也就是說，不論客戶是年繳、半年繳、季

繳或月繳，得到的效益是相同的，因此若是以月繳的方式規劃，當然每年就會多付出 5.6% 的成本，不可不注意。

總繳金額：顯示客戶的總繳金額，並以現行的匯率，讓客戶清楚當下約略等同的台幣價值。

期滿時現金價值：顯示年期滿期當下的現金價值。

滿期時現金價值變動分析：顯示年期滿期當年及滿期次一年的現金價值變動狀況，例：若是六年期滿，就以第七年的現金價值扣除第六年的現金價值，就可得出，在繳費期滿的當下，經過一年，現金價值的變動增加狀況。

55 歲時現金價值：顯示 55 歲的現金價值，讓客戶清楚知道這一份 35 歲的規劃到了 55 歲時，累積的現金價值及與總繳保費之間的差額，也可協助客戶評估，這份規劃在不同年齡時，產生的現金價值與客戶需求的目的金額達到多少比例，順帶一提，55 歲為民眾的理想退休年齡，但若真的 55 歲退休，勞保新制及勞保年金均尚未達到請領年齡，因而自行準備退休金的來源就更為重要。

55 歲時現金價值變動分析：顯示 55 歲當年及 55 歲次一年的現金價值變動狀況，目的是讓客戶知道這份保

單一年可產生的非工資收入可達到多少，例：以 56 歲的現金價值扣除 55 歲的現金價值，就可得出，55 歲經過一年，現金價值的變動增加狀況。

65 歲的現金價值：顯示 65 歲的現金價值，讓客戶清楚知道這一份 35 歲的規劃到了 65 歲時，累積的現金價值及與總繳保費之間的差額。

計劃優勢：為客戶重新整理這份保單獨特性，所能提供給客戶的是否符合客戶的需要。

備註：註明範例當中美元台幣的匯率假設值，及近期匯率參考，並特別提醒外幣保單的匯率波動，所可能造成的匯差益或匯差損。

現行市場台幣、美元利率宣告：提供近期台幣、美元分別存款利率供客戶參考。

◎第六段
年輕人、你的名字是財富

四個理財觀念，讓你輕鬆串起理財密碼，轉動觀念『億元人生＋72法則＋工資&非工資＋理財金三角』

我用這四個觀念主軸，分別建立起不同的理財觀念，一旦觀念建立了，工具就不再是問題，締結就變的容易許多。

這個四個觀念引導，十分適合在初期和客戶接觸時使用。

一、**億元人生**：破冰開場，開啟想像力，建立起客戶透過時間的複利效果，及早開始儲蓄、理財的觀念。

二、**72法則**：透過簡易數學公式算法，說明低利時代1%的差異，即是天差地遠的36年。

三、**工資與非工資**：建立財務自由的關鍵，在於是否創造足夠的『非工資』收入來源。

四、**理財金三角**：合理的分配比例，才能達到現在、未來與未知的財務安全與財務自由。

新進夥伴一開始進入保險業務工作時，最不知道，甚至害怕的，應該就是如何和親友自然的介紹目前自己正在從事業務工作的身份了，因為業務員心裡擔心，

當一說自己在從事保險業務工作時，對方的反應不是熱絡，而是冷漠的，自己不但將碰一鼻子的灰，更耽心後續的聯繫上，對方若有似無的躲避，不接電話，已讀不回，甚至封鎖自己，而**親友擔心的則是，自己被朋友強迫推銷不需要的商品，甚至基於人情，不好意思拒絕而購買**，其實這樣的擔心都對，一個新進業務員如何自然，有自信的踏出第一步，那就顯的很重要了，接下來這四個理財觀念，就是讓業務員能自然、專業的和客戶互動，並在適當的時候，約訪客戶，並透過資訊的傳遞，幫客戶建立起好的理財觀念，進而產生需求及興趣，才有機會進入到提呈建議，並締結的結果。

我以一個情境來和大家說明，如何進行接下來的四個理財觀念破冰及自然專業的和朋友分享觀念，發現需求，激發興趣，進而能有效的提供解決方案。

第一步：在一開始從事業務工作的時候，一定要印製大量的名片，並將名片發給每一個你想認識，也認識你的人，**目的只是先讓每一個人，知道你在從事業務工作，而不會錯過任何一個介紹自己的機會，還記得成功的三大要素之一嗎？就是要讓別人知道你是誰和你會做什麼**，你在遞名片的當下，可以這樣說。

這是我的名片，**我現在在保險公司服務，專門為每一個有需要的客戶規劃人生每個階段的風險防護及財**

務需求，在任何時候，有任何想法或我能提供資訊的地方，請你別客氣，隨時給我一個電話，講到這裡，對方沒有其他反應，就立即開啟另一個話題，讓對方不致感到場面尷尬，若對方好奇的回應，你怎麼會去做業務，此時，你可以輕鬆簡單的回應，展現自信即可，切勿長篇大論的談論你的想法，甚至當下想立即推薦商品給對方。

第二步：在遞送名片的二周到一個月後，就可以開始逐一的約訪先前發送過名片的朋友，並在首次見面時，以 10 分鐘的時間，分享四個理財觀念後結束，並再進一步的延伸第二次的面談，以我實務操作的經驗，幾乎是 100% 能進行到第二階段甚至順利締結。接下來我們就從一開始的電話約訪到敲定第二次約訪的整個過程和大家說明流程及每一個步驟的細節。

示範演練前言：

相信許多人都有這樣的朋友，在人生的各個階段中，彼此熟悉、信任，但因著人生不同階段而慢慢生疏，不論是從小的玩伴，國中、高中、大學的同學，或是學生時期工讀的朋友，工作的同事，生活中的同好，甚至是經常買東西的商店員工、老闆，其實我們每一個人在人生各個階段，都有許多的人經過身邊，因為不再有生活交集，所以也不再熟悉，當你從事業務工作時，想和

各階段的朋友見面，並自然的拉回熟悉和信任感時，切記不要直接切入商品銷售，因為這種方式，大約7、8成都達不到效果，也會讓你斷了一個又一個原本可以聯繫的朋友，更不可能幫你真正的建立起銷售技能及信心，**因為沒有一個人喜歡在自己沒有產生需求前，就被推銷，尤其是在人情的壓力下做的決定，一方面往往都不會長久**，要不是繳費斷斷續續，就是中途解約，當然這樣締結的契約，更不可能有再回購及轉介紹，但若能以真誠分享的角度出發，透過好的觀念分享，讓朋友感到有趣及受用，相信即使當下沒有締結的機會，讓朋友留下一個好印象，持續的接觸、經營，在未來任何一個時間裡，也必定有再延伸成交的機會，**業務線上常說的二句話，『沒有感動不了的客戶，只有不會經營的業務員』，『沒有成交不了的客戶，只有放棄的業務員』，業務員要做的是『經營、經營、再經營』，『練習、練習、再練習』。**

接下來，我們一起進入四個法則，轉動觀念，這個情境可以適用於你各個階段的朋友關係狀況～

人物關係：景杰和韶芳是高中同學，當年是同學時信任感不錯，但高中畢業後，各自求學就極少聯繫，只在每年的同學會聚會一次，久而久之當年的同學情誼和熟悉、信任感自然不如當年好。

情境：景杰（業務員）在上次的聚會或面見中，已遞給韶芳（客戶）名片，並介紹自己目前在保險公司服務，擔任業務人員。

一、電話約訪：（過程、目的、利益）

韶芳妳好，我是景杰、妳方便說話嗎？最近怎麼樣？好不好？（簡單寒喧閒聊後，即切入主題）。

對了，我上次不是有給妳一張我的名片，和妳提到我在保險公司服務嗎？是這樣子的，因為我已經在保險公司服務了一段時間，在公司也接受了一連串投資理財的課程和專業的保險訓練，覺得很有收獲，而且我發現自己以前的一些理財觀念其實都不是很正確！所以當我知道理財的正確方法和觀念後，我很想跟我的好朋友分享，讓他們在未來有機會去做理財規劃時，也能知道正確的做法，**因為妳是我很重視的朋友，所以我想和你約十分鐘的時間，和你分享四個理財觀念，但你不用擔心，在這十分鐘裡面我不會談到任何的商品，更不會要求你做任何規劃，或付任何的錢，而且我相信你一定會有收獲，但要請你幫我一個忙，這十分鐘結束後，請妳給我一些妳的建議，讓我知道，我哪邊說的好，哪邊需要調整，讓我在未來面對每一個客戶時，能可以表達的更好更流暢，好不好？**

那我跟你約下禮拜二晚上六點鐘在你們辦公室樓下

的咖啡廳碰面，耽誤你十分鐘就好。

（這樣的約訪，你應該有極高的機會能約到朋友碰面，因為這一段約訪同時傳達了過程、目的、利益三個訊息，過程：十分鐘，對方知道十分鐘就會結束，你不會長篇大論，目的：分享四個理財觀念並保証不會談任何商品及要求客戶做任何規劃，因而客戶會很放心的和你見面，利益：客戶能有一些收獲，業務員也能得到寶貴的建議，讓客戶覺的自己能了解一些理財資訊，也同時幫到朋友的忙，而且只要十分鐘，何樂不為）。

二.初次見面（四個理財觀念）：

謝謝妳今天給我十分鐘的時間，讓我和妳分享四個理財觀念。

我先請問妳一個問題，你有沒有想過妳這輩子從 25 歲努力工作到 65 歲，工作了 40 年後，能為自己累積到一億元的新台幣讓自己富足退休，應該不容易對嗎？

因為絕大多數，一般的上班族都會覺得一億元是個天文數字，而且如果我們從一開始工作，月薪 3 萬，一個月存下 2 萬，只花 1 萬，你覺的這個人是不是已經很會存錢了，即使是如此，一個月存 2 萬，一年 24 年，40 年也只能存下 960 萬，是不是距離一億還有很大的距離，但專家告訴我們，其實要達成一億元的理財目標，

並不難，只是我們要用對方法，提早準備。

　　假設我們今年都 25 歲，我們希望在 65 歲退休，也就是 40 年後退休的時候，我們要有一億新台幣的資產，讓我們可以過想過的日子，你知道嗎？在 25 歲的時候，你只要每個月從戶頭裡面提撥 1,100 塊錢放在一個投資報酬率 20% 的工具上面，經過 40 年後，到你 65 歲的時候你就有一億。可是這 40 年來，我們總共只存了 52 萬 8 仟元。但是 25 歲的我們剛出社會，可能薪水不高，可能要付學貸，要幫忙家裡付房貸，要給父母孝養金，還要日常的花費，所以 25 歲的我們沒有辦法存錢。

　　沒有關係，我們 35 歲時，工作比較穩定了再來開始存錢，但因為我們晚了十年，所以必須把原本每個月存的 1,100 元提高成每個月存 7,000 元，一樣放在投資報酬率 20% 的工具裡，經過 30 年後還是有一億，而這 30 年你總共投入的金額為 252 萬，是當年的 4.7 倍，但 35 歲的我們還是沒辦法存錢，因為這時候通常我們都會結婚、生子或買房子買車子，支出蠻大的，所以我們還是沒有辦法存錢。

　　沒有關係，我們 45 歲時，工作更穩定的時候再來存錢。因為又晚了十年，所以這時候我們每個月要存入戶頭的錢必須由 7,000 元提高為 44,000 元，一樣放在投資報酬率 20% 的工具裡面，經過了 20 年，你還是有

一億元，這時候我們投入的本金是 1,056 萬，是當年的 20 倍。但 45 歲，我們還是沒有辦法存錢，因為這個時候可能小朋友已經慢慢長大，望子成龍希望栽培孩子，所以送他出國念書，或是父母親年紀漸長，需要請人照顧，這樣的開支比起過去越來越大，所以我們還是沒辦法存錢。

沒關係我們 55 歲再開始存錢，一定要存喔！因為改過自新的機會只剩這一次，因為 65 歲要退休，55 歲再不存就來不及了，因為又晚了十年，所以我們每個月要投入的金額要從 44,000 元，提高為 321,000 元，一樣放在投資報酬率 20% 的工具裡面，經過十年我們還是有一億，而我們總共存入的本金是 3,852 萬了，是當年的 72.9 倍。

我想請問你一個問題！如果我們都希望在 65 歲時，有一億元新台幣富足退休，你覺得比較希望用一個月 1,100 元來完成，還是每個月 321,000 元來完成，當然是 1,100 元，對嗎？因為我們可能沒有辦法一個月存下 321,000 元，我的朋友這個時候，都會說，你講的有道理，但不合理，在這個時代去那裡找 20% 的投資工具，現在定存才 1 點多，股票、基金都有存在風險，不見得賺錢，那裡有 20% 的工具？

我說，**你說的對，目前市面上當然沒有一定保証**

20% 的投資工具，但是，我覺的重點不是 20%，重點是我們能控制，三個變數中的其中兩個，我們來想一件事情，今天我們都 25 歲，假如我們人生都沒有發生意外狀況，是不是有一天我們都會 65 歲，所以這 40 年是老天爺給我們的，我們一毛錢都不用花，只要耐心等待就可以，我們都剛入社會，一個月薪水不論是二萬、三萬或五萬，每個月只幫自己存 1,100 元，會不會影響到你的生活品質？不會對嗎？所以每個月 1,100 元也是我們可以控制的，換句話說，我們可以控制 1,100 元、40 年、20% 三個變數的其中二個，你想想，我們達到一億元的理財目標是不是比別人有機會，就算 40 年下來沒有平均 20%，只有 8%，也會是一個很接近退休的數字，不是嗎？

第一個觀念、你能接受嗎？

接下來我想和你分享第二個理財觀念，為什麼我們這個世代的人一定非要懂得理財不可，不能像老一輩父母親一樣，把錢穩穩的存在銀行生利息，其實原因很簡單，因為不同年代的利率差異性太大，在 40 年前，當時的存款利率有 14%，若我們存下 1,000 萬在銀行，退休時每年有 140 萬的利息足夠過不錯的生活，但因為經濟發展的影響，利率一路走低，到目前的 1.2% 左右，也就是說，同樣 1,000 萬，現在的利息只剩 12 萬左右，

一來一回，有近 128 萬的利息消失，從以前一個月有超過 10 萬的退休金，到現在每個月只剩可憐的 1 萬～這就是利率下滑，對我們造成巨大的影響，你一定聽過72 法則，72 法則簡單說，就是一筆錢放在一個固定的利率工具上，經過幾年，會翻倍的簡易數學公式算法。

舉個例子來分析！假設今天回家，我們的父母親在我們 25 歲時，各給我們 100 萬讓我們去做運用，因為我怕錢會不見，投資可能會虧損，所以我把錢都放在銀行定存，假設銀行利率是 1% 的狀況之下，那你會發覺我們用 72 法則來計算，72(固定數)/1(利率)=72(年)，也就是經過 72 年後本金會翻一倍，所以下次我的 100 萬變 200 萬，是我年邁或不在 97 歲的時候，你覺得，當我們 97 歲的時候有 200 萬，有沒有意義？好像沒有什麼太大的意義對嗎？但你的理財觀念比較好，你知道這個時代不能只存錢，一定要適當的理財，所以你去選擇了一個長期穩定的投資配置，可能是較穩健的基金，或是高配息的股票。假設報酬率是 12%，有效的把投資報酬率從 1% 提升成 12%，所以你用 72 除以 12 你只需要 6 年你的本金就會翻一倍，你在 25 歲擁有 100 萬，第一次翻倍的時候是 31 歲，然後 37、43、49、55 歲的時候你已經擁有 3,200 萬的資產，這個數字你覺得有沒有比較接近我們可以退休的數字？因為在這個時代，把錢存在銀行什麼都不做，才是我們最大的風險。

　　第二個理財觀念，妳可以接受嗎？

　　如果可以，我接著和妳分享第三個理財觀念『工資與非工資』。

　　妳現在每個月的薪資來自於那裡？是不是來自於工作勞務所得？因為工作會產生工資，我們再用工資去支付每天的消費支出，若有剩，就能儲蓄或投資，若沒有剩，就可能變成月光族或卡奴，我知道妳的理財習慣很好，每個月都會固定幫自己存下錢。

　　如果有一天我們都期待我們能夠財務自由，富足退休，那我們一定要設法，有計劃的讓自己的非工資收入大於支出，那非工資來源是什麼意思？簡單的說，就是你不需要去工作，就有錢會自動流進你的帳戶裡面，例如，你有房子在出租，收取每月租金、例如，你有穩定配息的股票，年年有股息可領，這些都叫非工資收入來源，若我們希望有一天自己能達到財務自由，那我們就必須在我們有工作，有薪資收入時，及早透過理財，開始讓自己產生非工資收入來源，當有一天，我們的非工資收入大於我們的支出時，那我們就能富足退休，去過自己想過的生活了。

第三個理財觀念，妳可以接受嗎？

這時，我的朋友常問我，你說的很有道理，那我們應該要怎麼做呢？

從有工作收入開始，每個月一定要幫自己的資金，首先劃分出三個比例，分別是生活所需，投資理財及風險規劃，並分配為 6、3、1 的比例分配，但這個世代，我比較建議調整為 5、4、1，也就是說，我們把收入的 50% 放在日常的生活支出 (包含了食、衣、住、行、育樂及房貸)，就是現在，40% 放在投資理財，並分為短、中、長期的理財目標 (例如：短期還清學貸，存一桶金，中期儲備創業金，購屋，結婚基金，長期則是退休金、子女教育及財富傳承)，屬於不同階段的未來，而最後的 10% 放在風險規劃，屬於未知 (即是人生當中不確定的風險，例如：疾病、意外可能造成的長期、龐大額外支出)，在這三個區塊當中，10% 的風險規劃最為根本，這 10% 其實是在保障我們現在的生活所需及未來的財務計劃，因為當人生各階段若發生疾病、意外風險時，同時會發生收入中斷及支出增加的狀況，若少了這層保障，我們的所有財務規劃都極可能中斷重來。

一個人合理的財務配置，就如同一個政府每年的預算編列一樣重要。

這個觀念妳能接受嗎？因為十分鐘已經到了，我也

要跑下一個行程，就不耽誤妳的時間，我在想，如果以上這四個觀念妳都可以接受，下禮拜三，能不能再和妳約半小時的時間，我想提供一份對於年輕人很有幫助的財務規劃案給妳參考，妳聽完後，若覺的對妳未來的財務規劃很有幫助，我會很樂意提供專業服務給妳，也可能妳聽完後，覺的這份規劃案並不適合妳，那我們以後就不再談這個話題，好嗎？

　　如果你跟著這十分鐘的情境走，是客戶，感覺如何？如果你能接受，那你的朋友接受的可能性就很高。

　　業務員要十分熟練的使用這個四個法則，轉動客戶的觀念，重點在於精準的使用每一個數字，記住：精準的數字才有力量，在敘述的過程中，不要講『大約，大概』這種不明確的字眼，會讓客戶感到你沒有足夠的準備和信心，業務員在客戶的面前，不論你的年資多久，是一天或是十年，你都得要準備充份，把握每一個可能的機會。

以下為四個理財觀念相對應之輔助 PPT：

你想過億元人生嗎？

你想過在65歲退休時，有一億的資產嗎？

當你

★**25歲**，只需投入**1,100元** / 月×20%×40年＝1億

★**35歲**，需投入**7,000元** / 月×20%×30年＝1億

★**45歲**，需投入**44,000元** / 月×20%×20年＝1億

★**55歲**，需投入**32,1000元** / 月×20%×10年＝1億

客戶：問題是，那裡找20%的工具？

景杰：重點在於三個變數控制其中二個

為什麼這個世代人非投資不可？和你分享一個72法

100萬理財大不同

★100萬在 **1%**的狀況下　　72 / 1＝**72年**

100萬	**200萬**
25歲	**97歲**

★如果能有效的提高為 1 2 %　　72/12＝**6年**

100萬	200萬	400萬	800萬	1600萬	**3200萬**
25歲	31歲	37歲	43歲	49歲	**55歲**

工資VS非工資

★你每個月的**薪資來自於那**？

★**來自於工作→工資→支出→儲蓄OR投資**

★有一天我們都期待財務自由、富足退休

★那就得讓自己的**非工資來源>支出**

★你目前有沒有非工資的收入來源？

★所以我們必須在有工作時用

→ ★**創造非工資收入**

★**當非工資收入>支出時，就能富足退休！**

理財金三角結案

★那我**應該怎麼做**？

★專家告訴我們，應該透過**理財金三角，做合理的財務分配！**

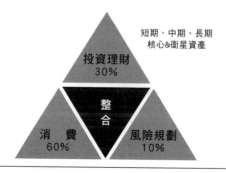

◎第七段

運用財務計算機，切入話題，精準估算各項數字及缺口

保險是眾多金融工具的其中之一，任何工具的使用，都是因為客戶的理財目的而存在，在設定理財目的時，必須有準確的數字，並透過數字引導客戶在預算上做出合理的分配。

在這一個章節裡，我們運用財務計算機，為客戶準確的計算出幾個人生中重大的資金支出，包含了『房貸，退休金，教育金，車貸』等四項，讓客戶有清楚的數字目標，且了解想要和現有中間的差額，也才能知道接下來有多少時間，需要投入多少資源來完成人生各階段的財務目標。

在金融 4.0 的時代裡，壽險從業人員必須儘快轉型為一個真正的財務規劃顧問，為客戶規劃全方位的財務計劃，才不會被市場浪潮淹沒。

※ 這裡使用的財務計算機以 CASIO FC-100V 為操作範例。

使用 CMPD 及 AMRT 二項功能即可快速精準得到數字，並給予客戶建議。

CMPD：n 期數，I 利率，PV 現值，PMT：每期支付額，FV 終值。

AMRT：PM1 支付期（開始），PM2 支付期（結束），
　　　　BAL 餘額，INT 利息，PRN 本金

ΣINT 期間的利息支付總額，ΣPRN 期間的本金支付總額。

備註：計算房貸、信貸，用 CMPD set End。
　　　計算退休金、教育金、生活費用 CMPD set Begin。

房貸試算切入：

案例：一位年薪 100 萬的客戶，向銀行貸款 1,000 萬，
　　　利率為 2%，年期為 20 年。

請試算：

一、每個月客戶應繳付的房貸（本息）為多少？

二、每月客戶的貸款支出，佔客戶年收入的百分比，是否符合 35% 的合理範圍。

三、第一年客戶所繳付的房貸，本金及利息分別為多少？

四、客戶 20 年所繳付得的房貸，利息總額為多少？

五、若客戶在第 10 年後時想繳清房貸，尚欠的總額為
多少？

六、客戶在 10 年裡繳付的房貸利息總額為多少？

一、先計算出每月房貸支出：

步驟一：Press CMPD

步驟二：Input n=20×12 EXE

步驟三：Input I%=2/12 EXE

步驟四：Input PV=10,000,000 EXE

步驟五：PMT=SOLVE

Answer：50,588 元 / 月

二、年化客戶的房貸金額，確認是否符合 35% 年收入
的合理範圍

50,588×12=607,056

607,056/1,000,000=60.7%

**Answer：客戶每年支出的房貸達年收入的 60.7%，
已遠遠超過合理的 35%**

三、計算第一年房貸的本金、利息分別為多少？

步驟一：Press CMPD

步驟二：Input n=20×12 EXE

步驟三：Input I%=2/12 EXE

步驟四：Input PV=10,000,000 EXE

步驟五：PMT=SOLVE

步驟六：Press AMRT

步驟七：Input PM1=1 EXE

步驟八：Input PM2=12 EXE

步驟九：ΣINT　Press　SOLVE=196,247

步驟十：ΣPRN　Press　SOLVE=410,812

Answer：第一年所繳利息為 196,247 元，本金為 410,812 元

四、客戶 20 年總計繳交利息總額為？

步驟一：Press CMPD

步驟二：Input n=20×12 EXE

步驟三：Input I%=2/12 EXE

步驟四：Input PV=10,000,000 EXE

步驟五：PMT=SOLVE

步驟六：Press AMRT

步驟七：Input PM1=1 EXE

步驟八：Input PM2=240 EXE

步驟九：ΣINT　Press　SOLVE=2,141,200

Answer：20 年總繳利息為 2,141,200 元

五、客戶 10 年後的 1,000 萬房貸餘額為？

步驟一：Press CMPD

步驟二：Input n=20×12 EXE

步驟三：Input I%=2/12 EXE

步驟四：Input PV=10,000,000 EXE

步驟五：PMT=SOLVE

步驟六：Press AMRT

步驟七：Input PM1=1 EXE

步驟八：Input PM2=120 EXE

步驟九：BAL　Press　SOLVE=5,497,927

Answer：10 年後，尚欠貸款本金為 5,497,927 元

六、客戶 10 年繳付的房貸利息總額為？

步驟一：Press CMPD

步驟二：Input n=20×12 EXE

步驟三：Input I%=2/12 EXE

步驟四：Input PV=10,000,000 EXE

步驟五：PMT=SOLVE

步驟六：Press AMRT

步驟七：Input PM1=1 EXE

步驟八：Input PM2=120 EXE

步驟九：ΣINT　Press　SOLVE=1,568,527

Answer：10 年後，繳付的房貸利息為 1,568,527 元

結論：在上述的案例中，貸款 1,000 萬的房子，在 20 年後，總繳的本息為 **12,141,200 元**，而你知道若把利率提高至 4%、本息則為 **14,543,527 元**，若提高為 6%、則為 **17,194,345 元**。

房貸計算的可能延伸範圍：

一：了解客戶現有的資金配置，並給予建議。

二：檢視客戶現有房貸利率，若利率持續下降時，客戶可評估轉貸的可行，節省了房貸支出，自然就有多

餘的預算可進行其他的理財配置。

三：說明理財當中，如何透過房貸，可創造良性負債，及享受稅負優惠，例如、房貸利息支出，可舉例至所得稅中減免，以降低所得淨額，甚至達到降低所得稅級距的效果。

四：理財行為當中，若能創造比房貸更佳的資金報酬率，那就可考慮房貸及理財當中的資金配置。

退休金試算切入：

退休金累積公式：$FV = AV(1+i)[(1+i)^n-(1+g)^n] \div (i-g)$

FV：未來值

AV：每年提撥累積退休金的金額

i：報酬率

g：薪資成長率

n：年期

考慮每年通膨後的真實報酬率：

{(1+ 投資報酬率)÷(1+ 通膨率)}-1

例：投資報酬率為 10%，通膨為 3%

真實報酬率為：6.79%

稅後投資報酬率：

[(投資報酬率 ×(1- 稅率)]

例：所得稅為 20%，投資報酬率為 10%

稅後報酬率為：8%

案例一：

景杰現年 25 歲，目前的年薪為 60 萬，依勞退新制雇主每月提撥薪資 6%，若景杰的薪資成長率為 3%，提撥薪資投資報酬率為 6%。

請試算：景杰在 60 歲時，年薪為多少？另外在 60 歲時，景杰的退休帳戶累積金額為多少？

一、先計算景杰 60 歲時的年薪金額

步驟一：Press CMPD

步驟二：Input n=35 EXE

步驟三：Input I%=3 EXE

步驟四：Input PV=600,000 EXE

步驟五：FV=SOLVE

Answer：1,688,317 元

景杰 60 歲時，當年年薪為 1,688,317 元。

二、用公式計算景杰退休金到 60 歲的累積金額

年薪 60 萬，提撥率為 6%，即年提撥 36,000 元

$$FV=AV(1+i)[(1+i)^n-(1+g)^n] \div (i-g)$$

$$FV=36,000(1+6\%)[(1+6\%)^{35}-(1+3\%)^{35}] \div (6\%-3\%)$$

Answer：6,197,469 元

景杰 60 歲時，退休金帳戶累積 6,197,469 元。

案例二：

景杰現年 40 歲，預計在 60 歲退休，目前的年薪為 100 萬，在退休後，每月需要退休前收入的 70% 來因應生活，為期 20 年，若薪資成長率為 5%，退休後投資報酬率為 6%，每年的通膨為 2%。

請試算：景杰在 60 歲退休時所應準備的退休金為多少？

一、先計算出景杰在退休當時的年收入，再 ×0.7 即得到退休時每年需要的退休金

步驟一：Press CMPD

步驟二：Set End EXE，Begin EXE（退休金立即需要，所以用 Begin)

步驟三：Input n=20 EXE

步驟四：Input I%=5 EXE

步驟五：Input PV=1,000,000 EXE

步驟六：FV=SOLVE

Answer：2,653,297 元 / 年，2,653,297×0.7=1,857,308 元 / 年

60 歲退休時，每年需 1,857,308 元，維持退休生活 20 年。

二、調整退休後，退休金每年扣除通膨後的真實報酬率

公式：{(1+ 投資報酬率)÷(1+ 通膨率)}-1

{(1+6%)÷(1+2%)}-1=3.92%

Answer：**退休後，退休金真實報酬率為 3.92%**

三、計算景杰在退休後，需準備多少錢，才能維持 20 年的退休生活，條件為報酬率 3.92%，每年需 1,857,308 元。

步驟一：Press CMPD

步驟二：Set End EXE，Begin EXE (退休金立即需 要，所以用 Begin)

步驟三：Input n=20 EXE

步驟四：Input I%=3.92 EXE

步驟五：Input PMT=1,857,308 EXE

步驟六：PV=SOLVE

Answer：26,417,687 元

結論：景杰若想在 60 歲退休時，每年擁有退休前收入 70% 水準的退休生活，維持 20 年，必須準備 26,417,687 元，而這筆錢扣除『勞保年金及勞退新制』後，即為景杰應自行準備的。

子女教育金試算切入：

案例一：

景杰希望在 15 年後，把女兒送去美國就讀大學，大學課程為四年，而現在每年的美國大學教育費為 1,000,000 元，若教育費每年增長率為 3%，景杰在 15 年後，需要準備多少教育費，才能讓女兒完成大學學位？

一、先計算 15 年後，第一年的大學學費

步驟一：Press CMPD

步驟二：Set End EXE，Begin EXE（教育金立即需要，所以用 Begin)

步驟三：Input n=15 EXE

步驟四：Input I%=3 EXE

步驟五：Input PV=1,000,000 EXE

步驟六：FV=SOLVE

Answer：1,557,967

女兒 15 年後就讀大學第一年的學費需要 1,557,967 元。

二、再計算 16 年後，第二年的大學學費

步驟一：Press CMPD

步驟二：Set End EXE，Begin EXE（教育金立即需要，所以用 Begin）

步驟三：Input n=16 EXE

步驟四：Input I%=3 EXE

步驟五：Input PV=1,000,000 EXE

步驟六：FV=SOLVE

Answer：1,604,706

女兒 16 年後就讀大學第二年的學費需要 1,604,706 元。

三、再計算 17 年後，第三年的大學學費

步驟一：Press CMPD

步驟二：Set End EXE，Begin EXE（教育金立即需要，所以用 Begin）

步驟三：Input n=17 EXE

步驟四：Input I%=3 EXE

步驟五：Input PV=1,000,000 EXE

步驟六：FV=SOLVE

Answer：1,652,847

女兒 17 年後就讀大學第三年的學費需要 1,652,847
元。

四、再計算 18 年後，第四年的大學學費

步驟一：Press CMPD

步驟二：Set End EXE，Begin EXE（教育金立即需
要，所以用 Begin)

步驟三：Input n=18EXE

步驟四：Input I%=3 EXE

步驟五：Input PV=1,000,000 EXE

步驟六：FV=SOLVE

Answer：1,702,433

女兒 18 年後就讀大學第四年的學費需要 1,702,433
元。

結論：15 年後，要讓女兒至美國完成大學學業四
年的學費總計為：

1,557,967 ＋ 1,604,706 ＋ 1,652,847 ＋ 1,702,433=6,517,953元。

案例二：

承上題，若景杰需於 15 年後準備女兒的大學學費 6,517,953 元，若每月定時定額，預期報酬率為 8%，那景杰每個月應該要提撥多少錢？

步驟一：Press CMPD

步驟二：Set End EXE，Begin EXE（教育金立即需要，所以用 Begin)

步驟三：Input n=15×12 EXE(計算每月，所以把年×12，月化)

步驟四：Input I%=8÷12 EXE

步驟五：Input FV=6,517,953 EXE

步驟六：PMT=SOLVE

Answer：18,711

結論：景杰需每月提撥 18,711 元，在報酬率 8% 的狀況下，經過 15 年，就能為女兒準備大學四年的學費 6,517,953 元。

車貸試算切入：

車貸與房貸的計算方式不同，車貸的利息每年均以本金計算，並不會因本金下降後利息降低，因而實際利率和你所認知的車貸利率將有所差異。

案例：景杰貸款 100 萬購買一輛車子，利率為 6%，車貸期間為 5 年，請問景杰每月應繳付的車貸為多少？並計算此車貸的實質利率為多少？

本利合 =P(1+i×n)　P 貸款金額，i 利率，n 年期

車貸本金為：1,000,000 元。

1,000,000(1 ＋ 6%×5)=1,300,000。

每月車貸為：1,300,000÷60=21,666。

Answer：每月支付的車貸為 21,666 元

用每月車貸金額即可回推出車貸真實利率。

步驟一：Press CMPD

步驟二：Input n=5×12 EXE

步驟三：Input PV=1,000,000 EXE

步驟四：Input PMT= -21,666 EXE

步驟五：I%= SOLVE

步驟六：Press Ans×12

Answer：10.84%

結論：景杰每月需繳付 21,666 元的車貸，總繳金額為 1,300,000 元，實際利率為 10.84%。

備註：一般真實車貸利率簡易算法為（名目車貸利率 ×2-1)。

以上述範例為例：即為、6%×2-1=11%，與精算利率 10.84% 相去不多。

第六章

簡訊建大功，
保溫客戶的熱度，
差異化勝出，
創造源源不絕的轉介紹～

◎第一段
　　每個業務員最怕的是？
◎第二段
　　訊息傳遞是主動出擊，也是被動等待
◎第三段
　　四封轉介紹訊息，讓客戶放心，準客戶安心，轉介成交百分百

前言

在前面的章節裡，和大家逐步分享了銷售流程當中的每個環節和銷售不同類型商品時，如何從一開始的破題、過程中的引導，及最後的締結成交，你可能會發現，在每一個過程當中，我們幾乎沒有談到『拒絕問題』處理的部份，原因是，我認為所有的拒絕問題絕大部份來自於和客戶洽談、接觸的過程中，沒有把該做的，做到位所產生，因此，若從事業務工作者，能將這本書提到的每一個環節處理好，我相信，幾乎不容易碰到拒絕問題，但我認為在洽談的過程中，還有一件事很重要，一定要做，而且要做到位，那就是『保溫及鋪墊』。

先談談保溫的重要性和目的，在和客戶洽談規劃案的同時，通常會因每個客戶的熟悉程度不同，需要不同的經營時間，一般而言，若和一個客戶轉介紹的準客戶，從首次面談接觸起，到二次面談，再到締結，以二周為期，最為恰當，應該要結案，一旦時間拉長，客戶想規劃的溫度將會愈來愈低，在過程中，客戶可能會因為接收到許多不同的資訊，產生不同的想法，此時、業務員在這個過程中絕不能被動的等待，而是必須主動進行保溫和跟催，而這個過程中保溫的動作就變的很重要，想想，有多少客戶會在和業務員面談後的幾天，主動打電話和業務員說，我要投保，又有多少客戶，是在

和業務員面談後，因為業務員的跟催而投保的？而這中間的差別就在『保溫和跟催』。

保溫的目的和動作，就是讓客戶時時處在和你面談當下的愉快情境當中，不斷的自然接收到促成的訊息，記得，必須是很自然的狀況下，而如何創造自然？且順利締結，才是我們的重點。

再談談鋪墊，鋪墊的目的在於延伸客戶族群，提高客戶再購買，再介紹的可能性，在準客戶變成客戶的當下，把客戶經營為轉介紹中心，及讓原本介紹這位準客戶的客戶，持續為你轉介，這個重要性，我想不言可喻，若一個業務員必須靠自己不斷的去開發客戶才能生存，那他一開始的生存率就非常低，因為一個人經常接觸的人（以一個月為區間），通常不會超過 30 個人，所以、你會發現，能持續維持卓越績效的業務員，必定來自於他有源源不絕的客戶群，甚至有一群人會主動的幫他介紹，我常說 200 個核心的客戶，能讓業務員一生立於不敗之地，一個業務員平均一年締結 40 位客戶，五年就能累積出 200 個客戶的規模，加上保險商品有其再生性的特質，平均每 5 年，客戶會因結婚、生子、收入提升及不同的生涯規劃（一桶金、子女教育、購屋、旅遊、退休）而產生新的需求，也就是說，當我們把 200 個核心客戶經營好，經過五年，客戶的回購循環就會開始，

業務員只要把服務做好，就能產生源源不絕的業務量，所以當一個業務員的年資超過五年後，才能算是從『開拓期』進入『穩定期』，這中間要走的穩的關鍵就是透過鋪墊來延伸客戶。

◎第一段
每個業務員最怕的是？

　　業務員最怕的是什麼？是被客戶拒絕？還是行銷的專業知識難以學習？都不是，**我認為業務員最怕的是『沒有市場』，更怕的是『沒有經營市場的能力和思唯』，當一個業務員沒有市場時，他連今天要去哪，拜訪誰都不知道**，你想想，沒有方向這個業務員會不會很慌張，但你或許會好奇，為什麼我重視的是『經營市場』而不是『開發市場』，因為在『經營』的過程中，本身就是一個隱性開發的過程，但開發就是開發，若只不斷開發，卻忽略了經營，那業務員終會疲憊，所以經營比開發要重要的太多，當然經營也比開發要投入更多的精神和心力，但會經營市場，絕對能贏在未來。

　　另外，大多數人在強調開發新市場的同時，其實忽略了經營舊市場，任何人一定有其原生市場，就是他的家庭、包含本身的家庭成員，親人，就學時的同學、同好、就業時的同事、朋友，若能這些塊經營好，從原生市場的人際關係衍生出新市場的人際關係，你想想，他

還需要去開發陌生市場嗎？這個過程，其實就是我們說的『轉介紹』，我們要建立、經營的就是，如何讓原生市場當中，有影響力的人，變成『轉介紹中心』。

　　而轉介紹的重要性，對於任何一個業務員來說，都是不言可喻的，當一個業務員沒有市場時，即使有通天的本事，都難以發揮，相反的，若是一個有廣大市場的業務員，即使一開始什麼都不會，他都能從市場上學習，進步，獲得成就，因為業務員一開始最重要的是，有人願意聽他說話。

　　客戶為什麼願意幫忙你轉介紹，最重要的原因，除了對你的信任和專業、服務有信心外，另一個關鍵是『熟悉』，也就是因為你和客戶間保持了良好的熟悉度，所以當客戶身邊有人想規劃保險時，客戶會想到你，也會進而幫你介紹，**永遠記得，『人與人之間關係的好壞，並不是來自於認識的夠久，而是來自頻繁接觸所產生的熟悉感』，『且沒有人喜歡被推銷，但人人都喜歡被服務』，所以業務員對客戶，一定要有一套規律的服務系統，以服務來取代推銷，更能用以維持和客戶間的熟悉感，才產生好的轉介紹環境。**

◎第二段
訊息傳遞是主動出擊，也是被動等待

　　科技及通訊軟體的進步、普及，人與人之間的溝通方式有了完全不同的改變，在這個忙碌的時代，如何能有效的和客戶、準客戶保持關係，維持熱度，各種不同的通訊軟體，就成了最好的工具之一，而且完全免費。

　　根據調查，進口車雙 B 車主，最喜歡什麼聯繫方式？不是打電話，更不是登門親自拜訪，而是簡訊，因為現代人都十分忙碌，我們很難確定什麼時候和客戶聯繫是最佳時間，若在客戶忙碌的時間打電話，不但達不到效果，更可能會適得其反，現在的通訊軟體就是你最好的幫手，不論是 LINE，WeChat，FB，或是 QQ，不但能及時傳送資訊、文字、圖片、影像，更能透過這些軟體，像是你的小秘書一樣，回報客戶是否『已讀』，而是不是『已讀不回』其實沒那麼重要，重要的是你知道客戶收到訊息了，如同你的實體信箱或 Email 信箱裡塞滿了各大賣場、車商、旅行社、金融機構的廣告信函或 EDM 一樣，都只是在提醒你，他們存在，而且關心你，希望透過這些資訊的傳遞，讓你覺得和他們之間的連結和熟悉並未中斷，當然你就比較可能在不知不覺得情況下，再回到這些地方去進行消費，所以訊息是主動發出，但因為它所需時間少，傳送數量廣，而你需要注

意的是，**發放的訊息必須有『規律性、豐富性、吸引性』**三個要件。

規律性：可以讓你發送的訊息有更高的效率，因為規律性 (例如固定每周五，下午 5 點發送)，會幫你**養成客戶的接收習慣，**客戶會習慣在每周五的下午五點接收到你發出的訊息。

豐富性：你的訊息內容必須豐富精彩不單一，因為每個人每天收到太多訊息，若訊息太過單調，很容易直接被刪除，那就達不到目的，在你的訊息內容裡，甚至可以依客戶的年齡、職業、屬性，分門別類，例如有些客戶喜歡旅遊的訊息，有些客戶喜歡財經的訊息，再來**訊息的內容一定要有主軸性，一開頭就必須及吸引住人的目光，客戶才會往下看下去，**例如：一句吸引人的標題，一張吸引人的圖片都可以。

吸引性：大多數人都喜歡看利己的訊息，若訊息的內容都是在傳遞你想推銷的，那效果肯定不會太好，懂得站在客戶的角度去思考，他們想要看到什麼樣的內容，甚至你可以偶而在訊息內容裡，做一些遊戲或是抽獎活動 (例如：前三名回覆者可以得到一本書，一杯星巴克咖啡，或是一張電影票)。

簡訊的使用，不僅可以用在服務，銷售上，在轉介紹的跟催上，也十分有效，因為在進行轉介紹的洽談

過程中，必須同時和客戶進行進度報告，也需要和準客戶有密切的聯繫，保溫，此時因為業務員和準客戶的關係、信任感才剛開始建立，透過簡訊的加溫，會讓你和準客戶的關係，建立的更加快速，穩固。

◎第三段
四封轉介紹訊息，讓客戶放心，準客戶安心，轉介成交百分百

在最後一段，我要實際示範在接到客戶或朋友轉介紹時，應該怎麼應對，如何詢問關鍵問題及掌握準客戶的事前資訊，以做最好的準備，及達到近百分百的轉介成交。

訊息的傳遞，分別在四個不同的接觸進度點，傳給客戶及轉介紹客戶。

範例角色：『業務員：景杰，業務員的客戶：韶芳，客戶轉介紹朋友：小雯』

轉介案例：景杰為保險業務員，韶芳為景杰的客戶，韶芳對景杰長期的專業和服務感到十分滿意，

在一次偶然的機會，韶芳與好友小雯聊天時，知道小雯，近來有醫療規劃的需求，立即推薦景杰，請景杰為小雯提供所需要的資訊，供小雯參考。

步驟一、客戶致電業務員，告知朋友有規劃的可能需要，並請業務員與之聯繫。

韶芳（撥話給景杰→接通）：
景杰、我是韶芳，我有一個好朋友想要了解醫療險的規劃方式，我推薦你給她認識，你打電話給她，看要怎麼和她約見面談。

景杰：韶芳、謝謝妳的介紹。

景杰：請問朋友怎麼稱呼？韶芳：她叫小雯，我給你她的電話、是 0922-xxx-xxx。

景杰：韶芳、請問一下、小雯是在做什麼工作？

韶芳：她在海運公司做行政人員。

景杰：那她們公司靠近那附近？

韶芳：她們在南京東路，兄弟飯店附近。

景杰：小雯年紀和妳一樣嗎？

韶芳：嗯！同年次，我們是高中同學。

景杰：小雯結婚了嗎？

韶芳：結婚了，有二個女兒，一個三歲、一個一歲。

景杰：哇，這麼有成就。

韶芳：對呀，你再打電話給她約見面。

景杰：嗯，那有沒有什麼時間撥，比較好？

韶芳：都可以，應該中午休息的時候比較好。

景杰：嗯，我知道了，我明天就給她打電話，感謝妳的介紹喔！

在**轉介紹步驟一**，最重要的是透過詢問客戶，了解準客戶的工作、家庭狀況，以便判斷需求。

一、詢問工作及內容：以判斷大致上收入水準及職業等級，便於思考客戶規劃的預算範圍。

二、詢問公司位置：便於先掌握了解準客戶公司附近地理位置，及先選定一至二個準客戶公司附近的適合見面地點，讓客戶直接選擇，一方面、會縮短彼此討論地點的時間，另一方面、準客戶會因你對她公司附近位置熟悉而產生信任感及話題，例如：你可以說，你經常到那附近，因為正好有客戶就在妳公司旁邊，或是你過去曾在那附近的公司服務或學校就讀等等。

三、詢問家庭狀況：以判斷準客戶的保險潛在需求，一般結婚有子女的族群，對於保障相對重視，一方面也可透過了解家庭狀況，尋找話題點，及未來可能

延伸的家庭保單，例如：另一半，或是子女是否過去也曾規劃過保險，但切記即使發現有可延伸的機會，也不要想要一次談及太大的範圍，這樣會讓接下來的洽談失去焦點而不易締結，應該先聚焦及滿足客戶的需求後，再尋找適當機會切入下一個可能性，例如：遞送保單時，就是一個很好的時間點，你可以在締結後，遞送保單時，再延伸其另一半或是子女的規劃可能性。

四、詢問通話時間：你的客戶必定比較了解她的朋友的工作習性及空檔時間，選一個準客戶最空閒輕鬆的時間接通電話，不但準客戶可從容的和你簡短談話，也會讓第一次的接觸留下好的印象，若是第一次打電話，就正好是準客戶忙碌的時間，不免就讓整個接觸的過程順暢度受到影響，俗話說：好的開始是成功的一半，有它的道理。

步驟二、景杰得知小雯的基本資料、想法和聯絡方式後便進行一連串的聯繫、規劃及簡訊傳遞。

景杰（撥話中→接通）：喂，請問是小雯嗎？

小雯：我是，請問你是？

景杰：小雯，妳好，我是景杰，是韶芳的壽險服務人員，請問妳現在方便說話嗎？

小雯：可以呀。

景杰：昨天接到韶芳的電話，知道小雯，妳最近想要了解關於醫療保險的訊息，所以我想和小雯約一個妳方便的時間，將相關的資訊提供給妳參考。

小雯：可以呀。

景杰：那小雯、妳比較方便碰面的時間是平日還是假日？

小雯：平日比較好。

景杰：是中午休息的時間，還是下班後比較方便。

小雯：下班後比較方便。

景杰：如果我們約星期三的晚上六點，在妳們公司對面的星巴克，大約半小時的時間 OK 嗎？

小雯：嗯，ok。

景杰：請問小雯，妳有沒有特別想要了解醫療險的那個部份？

小雯：嗯、我沒有概念，就是單純想要買一份基本的醫療保障。

景杰：了解，那小雯，如果到時有需要規劃一份醫

療保障，每個月大約多少的預算，不會對妳
造成負擔？

小雯：大約 2,000 ～ 3,000 元吧。

景杰：嗯，我知道了，星期三，我會帶一些相關資
料讓小雯參考，到時我們再依照妳的需要做
調整，希望能幫上妳的忙。

小雯：好，謝謝你。

景杰：別客氣，小雯，要和妳請教一下妳的生日，
方便做企劃案。

小雯：65 年 07 月 30 日。

景杰：好的！我們就星期三晚上六點在星巴克碰面。

小雯：好，謝謝喔。

景杰：別客氣，到時候見。

在轉介紹步驟二，是和準客戶**第一次的接觸，最重
要的是留下好的印象，及讓準客戶對於和你的第一次見
面做好心理準備並建立一些基本觀念**，當然也包含了，
在尚未見面之前，暗示式成交法則的運用。

一、**自我介紹、建立關係**：和準客戶或陌生人第一次接觸時，必定要有一個共同的連結點，才不會讓對方感到太陌生，而快速的拉近距離，這個案例而言，和準客戶的連結點，就是我們共同的朋友韶芳，**當準客戶聽到朋友的名字，陌生感立刻消失，如同許多金融機構打電話推銷商品時，經常一開頭說的是，你是我們銀行的 VIP 客戶一樣。**

二、**詢問通話方便與否**：表明身份後，應先詢問對方是否方便繼續說話，是最基本的禮儀，絕不可忽略，若對方說現在不方便，應先致歉，然後詢問何時方便聯繫後，立即掛斷電話，若對方已說正在忙，業務員卻說，沒關係，我長話短說，將會留下十分不佳的第一印象，切記不可犯這樣的錯誤。

三、**日期、時間二擇一**：和客戶約定時間時，業務員一定要先自動提出二個時間讓客戶選擇，一方面時間由業務員提出，業務員可先選擇自己行程當中的最佳時間點及空檔，但如果是問準客戶，妳何時方便，不但問了，好像沒問，若準客戶說出的時間，是業務員已有行程的時間，就會造成安排行程上的困擾。

四、**重複日期、時間、地點：** 在和準客戶約定好首次見面的時間後，記得在最後掛上電話前，再次和客戶複誦一次，以確認約定的日期、時間、地點正確無誤。

五、**詢問需求及預算範圍：** 詢問需求可以先判斷客戶對保險的認知程度，及在初步規劃時，就能切中準客戶的需求，減少大幅修改的機會，加快締結的速度，而**詢問預算，則是讓客戶有心理準備，在看到規劃案的保費數字時，不致於偏離她的預算範圍，**當需求和預算是客戶自己講的時候，就會大大減少後續的拒絕問題，**為什麼轉介紹的締結機會比一般拜訪來的高許多，最主要是『需求』已產生，業務員只要做好『滿足需求及符合預算』二件事，哪有不締結的道理，**另外要注意的是，一般而言，預算的增減，建議以 10% 以上下範圍，例如：當客戶預算為一年 5 萬元時，通常在 4.5 萬～ 5.5 萬間，都是客戶能接受的範圍，若預算是向上提高的，別忘了，在規劃案中，必定要有讓客戶覺得驚喜的地方，讓客戶感到物超所值是最重要的。

六、**第一次暗示成交，沒有要不要，而是如何調整：** 這句很短 (**我們再依照妳的需要做調整**)，但很重要，**要講的自然，**當然，這是典型的暗示成交法，在言

語中暗示準客戶，我們會在她提出的需求及預算範圍裡做規劃案，而且可能會在見面後，再做微調，以完全符合她的需要，當客戶有明確的需求，規劃案也符合她的需要，預算也合理，那當然就是締結。

七、**拉高高度，角色定位：** 業務員若定位為推銷員，那肯定矮人一截，因為沒有人喜歡被推銷，尤其是沒有需求的強迫推銷，但若業務員定位自己是個解決問題的人，那自信度肯定不同，**如同麥當勞賣的不是漢堡，是歡樂，星巴克賣的不是咖啡，而是品味，同樣的，保險業務員，賣的不只是保險，而是一份安心，一份解決客戶擔心問題的方案，** 如果我們把自己的角色定位好，很多話，我們就會說的更有自信，也更理所當然。

八、**完整詢問資料：** 和準客戶碰面前，一定要把需要的資料一次有順序，自然的詢問清楚，切勿在掛上電話後，又打電話詢問生日，預算或其他事項，這樣的舉動，會讓準客戶感到，業務員對於事情的不熟悉，也會間接的影響到對你的第一印象和信任感。

步驟三、第一封訊息傳送，傳送時間點：與客戶轉介紹之準客戶電話取得面談時間後。

傳送內容：

給客戶→韶芳：
謝謝妳的介紹，我和小雯約星期三碰面，會將她需要的相關資訊帶去和她討論，期待有機會為她服務，很感謝妳。感恩妳的好朋友，景杰上。

準客戶→小雯：
很高興有機會透過韶芳的介紹認識妳，希望星期三的碰面，能幫的上妳的忙，祝福妳、平安喜樂、順心如意　景杰上。

步驟四、第二封訊息傳送，傳送時間點：與準客戶第一次面談或討論企劃案後。

傳送內容：

給客戶→韶芳：
我剛剛和小雯討論完她想了解的資訊，她真的是一個很好的人，希望今天的資訊對她有幫助，也期待有機會為她服務！再一次感謝妳的介紹，景杰上。

準客戶→小雯：
謝謝妳讓景杰有機會提供妳所需要的資訊讓妳參考，

希望今天的資訊和說明能符合滿足妳的需要，有任何需要調整的地方，別客氣、隨時告訴我，期待未來有機會為妳服務，祝福妳、一切順心　景杰上。

步驟五、第三封訊息傳送，傳送時間點：與準客戶第二次面談並締結保單。

傳送內容：

給客戶→韶芳：

晚上我已幫小雯規劃了她人生的第一張保單，要再次感謝妳對我的信任和支持，讓景杰有機會用專業、服務更多需要的人！感恩妳的好朋友、景杰上。

準客戶→小雯：

很開心、能為妳規劃妳所需要的保障，景杰相信、保險的意義，來自於對家人的愛，一份專業的規劃，更能讓我們免於風險來臨時，對自己甚至家人所造成的經濟壓力，這也是景杰一直堅持的信念，在保單製作完成後，會立即和妳聯絡，將保單送到妳的手上，祝福妳、順心如意，關心妳的好朋友、景杰上。

步驟六、第四封訊息傳送，傳送時間點：與成交客戶遞送保單時。

傳送內容：

給客戶→韶芳：

剛剛已經將保單送到小雯手上，景杰也會做好各項服務，絕對不會讓妳失望，有機會請繼續推薦景杰給妳身邊的好朋友喔！祝平安順心、景杰上。

準客戶→小雯：

今天將保單送到妳的手上，恭喜妳擁有了一份完善的保障，景杰也將開始未來一連串的服務，很高興有這個緣份認識妳，也感謝妳的信任託付，未來有任何需要服務的地方，別客氣喔，隨時告訴我，祝福妳、一切順心、平安喜樂，關心妳的好朋友、景杰上。

PS：在轉介紹的準客戶締結後，景杰都會去挑選一個有質感的小禮物，透過快遞，送至介紹準客戶的客戶公司，一方面感謝客戶的介紹，一方面快遞到客戶公司也可能引起客戶公司同事的討論與話題，一舉二得。

總結：看完以上的示範案例，若你是介紹的客戶，你是不是會感到很放心，因為你清楚知道業務員和你朋友洽談的進度和過程，如果你是準客戶，在整個過程中，你是不是會感到業務員的專業、用心，及和與別人不同的地方，相信信任感也在這個過程中，被快速建立。

但注意到了嗎？即使我們在和客戶報告與準客戶的洽談過程，卻完全沒有洩漏、談及準客戶的規劃內容及保費額度，因為保護客戶的隱私，也是業務員基本必須遵守的原則，這時若客戶問及她的朋友規劃了什麼內容或是多少保費時，你可以這樣回答，韶芳、因為規劃的內容和金額屬於小雯的個人隱私，我有保護客戶資料的義務就無法透漏，但妳放心，規劃的內容絕對是十分完善和符合小雯需求及預算，相信這樣的回答，客戶一定能接受，對你的職業道德，也是大大加分。

接下來，你只要把上述範例中的人名置換及內容做些微適當的調整，就能變成你的轉介紹簡訊系統，相信對於你在轉介紹的成交率上，一定能有所提昇。

後記

～感恩＆回饋，這本著作、獻給每一個平凡又不凡的你～

如果帶著夢想來，就不要帶著失望離開，我是來拼的，不是來試試看的，這是我當年投入壽險事業時，站在公司訓練中心一面榮譽榜前，自己和自己的一段對話，至今仍深印在心上。

很快地，16 年過去了，回頭看看，走過這個在許多人眼中困難又辛苦的行業，一路上、我很堅持，也很幸運的渡過了每一個都可能擊倒我，讓我想要放棄的時刻。

這些年，我完成了大家口中所謂的五子登科，有一間很不錯的房子，買了自己從小夢想的車子，有一個體貼的太太，二個無敵可愛的女兒，也把自己未來的退休計劃規劃好了，更在 40 歲不到的年紀，和太太一同遊歷過 35 個國家，一年四～六趟不等的出國旅行，讓我們持續把環遊世界變成是一種生活方式，而不是只想不做的夢想。

從工作的第一天，我就清楚的知道，財務自由，是買回人生選擇權的第一步，我相信，這也是許多人選擇業務工作，其中一個重要的原因，因為、壽險業務工作

是少數不會因為你的家庭背景，畢業的學校，就決定你人生長什麼樣的行業，曾有夥伴問我，在壽險業努力就會成功嗎？我回答他，當然是，而且我深信不疑，但努力必須放對地方，必須走對方向，在這個世代，選擇會比努力來的更重要，方向對了，力氣才能用對地方，我能很誠實的告訴大家，如果過去我付出的這些努力不是在壽險業，我應該沒有辦法完成這些許多人也想完成的事，而我和大多數人一樣，並不是天生的業務員，甚至我自認為自己並不是一個適合從事業務工作的人，因為我並不擅長與人互動，尤其是陌生人，但若我想在業務工作上有所成績，我就必須要克服接下來我將面對的每一個問題，所幸、每一個人在業務線上成就的方式並不相同，有人是因為有良好的人際關係，有人是以無微不至的服務取勝，有人是憑著專業能力取得客戶的信任，這個行業最棒的地方，就是它沒有規定你要用那種方式成功，你完全可以走出一條你自己認同的成功道路。

　　大前研一：專業是你唯一的生存之道，我十分認同，我也身體力行，從業的第一天，我就要求自己要準備好，因為客戶不是我的實驗品，如果我想爭取機會，我當然要有所準備，我開始熟讀所有的商品，條款，學習所有和金融有關的知識，也透過考取証照，加強自己的專業和自信，而即使學的再多，沒有市場經驗，終究是紙上談兵，下市場，接受市場的考驗，才是最真實的，

當市場經驗夠多時，你必定會發現，**市場才是最好的老師，客戶是最佳的指導員，因為市場會毫不留情的給予沒有準備的人痛擊**，客戶也不會想要一次又一次聽著生硬的話術和半世紀前的推銷方式，只有不斷的學習、學習、再學習、才能保有競爭力，只有不斷的練習，練習，再練習，才能把技能內化為自己的專業能力。

　　時代在進步，客戶也在提昇，若業務員沒有進步的比時代，客戶快，被淘汰只是時間的問題，這些年很感謝許多媒體（東森、中天、非凡、經濟日報）、雜誌（Smart、MONEY、今周刊、Advisers）、廣播（新寶島廣播電台）對景杰的採訪報導，讓景杰可以透過這些媒介，把許多業務的關鍵及正確的資訊傳遞給渴望更好的人，但報導有時畢竟篇幅有限，無法完整的把想傳遞的訊息、技能完全呈現，所以我透過課程的分享和教授，這些年，講授超過 500 場，學員超過數萬人，但這依然是眾多想要改變，精進的一小部份比例，因此有了這本書的問世，透過這本書，把這個行業教會我的事，留在這個行業，讓每一個想要在業務工作上圓夢成就的人，有些許的依循，少一些摸索的時間，多一些實務的技能，這本書絕對值得你一讀再讀，相信每讀一次，你會更深刻了解我想傳遞的，景杰也很建議讀者，在讀完每一個篇章，每一個段落，每一句話時，若有想法，立即寫下來，並且大膽去嘗試，即使失敗了，也只是成功路上的

一段過程，有時贏在起跑點很重要，但更重要的是不要讓自己輸在終點，期待這本書，在你闖蕩業務工作的過程中，成為推你一把的助力，更期待我們一同為更多的客戶把關人生風險，規劃值得期待的明天。

最後要感謝一路上每一位幫助過我的朋友、貴人們，因為他們，造成了更好的我，讓我今天得以有回饋的能力，為共同提升壽險業盡一份心力。

感謝台大保險經紀人（股）公司，陳亦純董事長，對這本書的大力協助與鼓勵，讓這本書得以順利出版，在他身上，我學習到什麼是保險企業家的精神與思唯，更敬佩他對於提攜後進不遺於力。

感謝捷安達國際保險經紀人（股）公司，吳鴻麟董事長，這些年、經常的與他請益，每每在他的言談當中，看見金融市場未來的發展前景，讓景杰的視野更寬廣，想法更多元。

感謝鑫山保險代理公司林重文董事長兼總裁，景杰與總裁，在一次的培訓課程中相識，在課程結束後，一同返回上海的車程中，向他不斷的請教寶貴的經營管理思唯，他親切且知無不言，讓景杰十分受益。

感謝中國人壽張炯銘資深業務副總經理，是景杰過去在業務線上的長官，給予景杰許多磨練的機會和工作

上的幫助，讓景杰得以在接觸到更廣泛的市場，開拓眼界。

感謝中國人壽吳稼羚經理，她在壽險事業獲獎無數，更是國際知名講師，景杰能和她在讀書會一同學習成長，是景杰的榮幸，稼羚經理對於客戶的用心服務更是一絕，是景杰永遠學習的老師。

感謝大直愛鄰診所張凱忻院長，多年來對我的支持，更經常以客戶的角度給予建議，我們從陌生人，到知心好友，讓景杰在壽險的道路上，體會到把人做好，就是把事業做好。

最後要感謝我的太太韶芳和我們二個最愛的女兒們，因為妳們，我有一個完整且幸福的家，妳們是我努力變的更好的原動力，讓妳們過的幸福快樂是我最重要的任務，因為妳把女兒照顧的無微不至，讓我能無後顧之憂的能在工作上盡力，因為妳的體貼能幹，我們一起持續的向我們的夢想人生前進，我相信，我們的未來無限美好～

企管銷售 32

不懂行銷，也能輕鬆成交

作者 / 鄭景杰
發行人 / 彭寶彬
出版者 / 誌成文化有限公司

地址：116 台北市木新路三段 232 巷 45 弄 3 號 1 樓
電話：(02)2938-8698 傳真：(02)2938-4387
郵政劃撥帳號：50008810
戶名：誌成文化有限公司

排版 / 張峻榤
總經銷 / 采舍國際有限公司 www.silkbook.com 新絲路網路書店
印刷 / 上鎰數位科技印刷有限公司

地址：新北市中和區中山路二段 366 巷 10 號 3F
電話：(02)8245-8786（代表號）
傳真：(02)8245-8718

出版日期 /2016 年 11 月 二刷
ISBN：978-986-91737-7-3　　　　　　　定價 / 新台幣 320 元

國家圖書館出版品預行編目 (CIP) 資料

不懂行銷，也能輕鬆成交：一次就學會的系統化引導，讓客戶聽懂你的話 /
　　鄭景杰著 . -- 臺北市：誌成文化，2016.08
　　　面；　公分 . --（企管銷售；32）
　　　ISBN 978-986-91737-7-3(平裝)

　　　1. 行銷管理 2. 行銷策略
496　　　　　　　　　　　　　　　　　　105015024